温尼科特心理治疗经典译丛

婴儿与母亲

BABIES AND THEIR MOTHERS

原著　D. W. Winnicott

译者　卢　林　张宜宏

北京大学医学出版社

YING'ER YU MUQIN

图书在版编目（CIP）数据

婴儿与母亲 /（英）温尼科特（Winnicott）原著；
卢林，张宜宏译．—北京：北京大学医学出版社，2019. 10
书名原文：Babies and Their Mothers
ISBN 978-7-5659-2046-2

Ⅰ．①婴…　Ⅱ．①温…②卢…③张…　Ⅲ．①婴儿心理学－研究　Ⅳ．① B844.11

中国版本图书馆 CIP 数据核字（2019）第 180607 号

北京市版权局著作权合同登记号：图字：01-2014-4680

婴儿与母亲

译　　者： 卢　林　张宜宏
出版发行： 北京大学医学出版社
地　　址：（100191）北京市海淀区学院路 38 号　北京大学医学部院内
电　　话： 发行部 010-82802230；图书邮购 010-82802495
网　　址： http://www.pumpress.com.cn
E-mail： booksale@bjmu.edu.cn
印　　刷： 中煤（北京）印务有限公司
经　　销： 新华书店
责任编辑： 董采萱　　**责任校对：** 靳新强　　**责任印制：** 李　啸
开　　本： 880mm × 1230mm　1/32　　**印张：** 3.625　　**字数：** 75 千字
版　　次： 2019 年 10 月第 1 版　2019 年 10 月第 1 次印刷
书　　号： ISBN 978-7-5659-2046-2
定　　价： 40.00 元

中文版序一

最温柔的男人

温尼科特（D. W. Winnicott）让我想起精神分析中的一个解释：为什么世界顶级大厨鲜有女性？因为厨房和食物是乳房的象征，而早期的男女都是需要母亲的乳房的，后来女性自己有了乳房，而没有乳房的男性怅然若失，特别是那些早年缺乏母爱的孩子，更是心神往之。对于男性，一个解决之道就是立志到米其林星级餐馆当大厨去，为各路饕餮提供鲜美食物，因为厨房本身就是个硕大的乳房的意象。

温尼科特对母婴关系的观察细致入微，有如上面男性大厨与乳房的关系，在我看来也是有着类似象征意义的。他本人先是当了多年的儿科医生，然后开始了精神分析的训练，接受弗洛伊德弟子斯特拉齐（John Strachey）和里维埃（Joan Riviere）的分析。所有这些训练并没有让他停留在经典的弗洛伊德理论中，也没有使他陷在当时自我心理学的包围之中，他根据自己的临床实践提出很多有实际意义的见解，发展出客体关系理论中极富特点的理论。比如，被视为病理性的“退行”在他看来却是治疗的契机，他打破传统精神分析的“节制”，对儿童进行治疗时根据治疗的需要接触儿童（拥抱）或者延长治疗时间。他还制造出许多我们现在经常挂在口头上的名词，比如“刚刚好的母亲”（good enough mother；曾奇峰的翻译，我极同意）、“过渡性客体”等。

温尼科特跟父亲在一起的时间并不多，正如他自己说的：“他绝大部分时间把我扔给了我的妈妈们。”温尼科特与母亲和两个姐姐的感情甚好。除了母亲和姐姐，他还有一位保姆、一位女教师和一位经常住在他家的姑姑。他也认为自己是“一个有多位‘母亲’的独生子”。可以说，温尼科特是精神分析界的“贾宝玉”，他 9 岁照镜子看见自己的脸说：“它太友善啦！”

温尼科特著述甚丰，有人曾描述温尼科特是在出版（published）和未出版（unsaid）之间完成著作的。

本次出版的四本书——《婴儿与母亲》《游戏与现实》《家庭与个体发展》《人类本性》，对于大众而言，既可以是专业书籍，也可作为“育儿圣经”。书里面的文字平实无华，但阅读时常有拍案叫绝的冲动。

在《婴儿与母亲》一书中，温尼科特描述了对一个 4 岁的精神分裂症男孩的观察：“在我的治疗室里，他玩着再次出生的游戏，他坐在母亲的膝部，将母亲的腿向外拉直，并沿着她的腿一直往下滑到地上。这个游戏，他做了一遍又一遍，这是源于与母亲特殊关系的一种很特别的游戏……这个游戏涉及象征手法，它将所有普通正常人喜欢做的事情结合了起来，它还结合了梦里出现的出生方式。这是这个男孩对出生的直接记忆吗？实际上不是，因为他是剖宫产出生的……” 在此，我们看到，温尼科特的治疗是游戏和观察式的，他将孩子的所有表现（即便是诊断为精神分裂症）都视为有意义、有联系的行为，并尝试去理解它。

在《游戏与现实》一书中，温尼科特描述了一个“无定型区域”的概念，那是来自对一个中年妇女的梦进行分析的内容。温尼科特指出，以未定型布料在成型、被裁剪和塑造以及组合之前的形态出现在梦中，使这位妇女回忆起童年的经历，在她童年时没有一个人可以理解她，这使她不得不从无定型的状态开始。

在《家庭与个体发展》中，温尼科特描述道：“读者可能会说，很多母亲自己就很糟糕，她们通过易激惹或其他更直接的方式将自己的性挫折传递给婴儿……我要说当照料婴儿或儿童的人是神经质或近精神病的（很多人是这样的），他们就不可能被教导，我们的希望在那些或多或少仍正常的人身上……”温尼科特在此对母亲的神经质是包容和理解的，他指出了一个残酷的现实，那就是医护人员和保姆等照料者往往成为母婴创伤的一个重要来源。在网络时代，我们有机会看到那些不称职的照料者——保姆——甚至是残酷地对幼小的婴儿进行虐待。

在《人类本性》一书中，温尼科特指出，婴儿在子宫内意识到母亲的呼吸，然后在子宫外意识到母亲的呼吸，最后是意识到自己的呼吸。温尼科特关注心身的观点，认为出生时的躯体感受会持续终身。

虽然，温尼科特作为精神分析师写出了大量理论性的书稿，但从他的字里行间中可以看出他对婴儿、儿童与他们母亲之间互动的仔细观察以及对其中现象的理解。这是基于温尼科特对人性的兴趣和一种回到母婴关系的动力所促成的，也是一种对理想母婴状态期待的结果。

如果说弗洛伊德是母亲的儿子，他一辈子都在向父亲致敬，难以逾越；温尼科特则作为象征性父亲，理解了母亲，看到了孩子，代言了婴儿，呈现出父亲角色的核心——温和有力、宽厚包容。他可以说是最温柔的男人！

施琪嘉

2016 年 3 月 1 日于西安

中文版序二

温尼科特，刚刚好

2009年，在武汉中德心理医院的会议室里，我们初识温尼科特，到今天一晃7年过去了。温尼科特这四本书来得刚好，就像温尼科特这个人和他的理论一样。

弗洛伊德的书当然大家都在读，无论是真感兴趣，还是要获得一种认同。但不是每一个精神分析理论家的书都能获得“必读”的地位。一些精神分析理论家曾经产生过巨大的影响，例如卡尔·亚伯拉罕（Karl Abraham），但是今天读他所著书籍的人已经不多。另一些精神分析理论家的影响局限在某一个文化共同体内，如自我心理学（Ego Psychology）主要在北美产生影响，而雅克·拉康（Jacques Lacan）的影响则局限于法国和南美。但是，温尼科特提出的概念、理论和思想似乎在全世界范围内都是“免签证”的：盎格鲁-撒克逊精神分析圈的人在读，拉丁系精神分析圈的人也在读，现在在东亚圈里也炙手可热。尤其是今年中国的“二胎”政策开放以来，微信朋友圈里满是温尼科特的文章翻译和导论性质的微课，我也凑热闹讲过一次，听众居然接近2500人！不知道当年温尼科特在英国广播公司（BBC）的公开讲座会有多少人同时聆听。

温尼科特为人处世的方式刚刚好。他没有特别强的执念，也并非没有自己的原则，没有像梅兰妮·克莱恩（Melanie Klein）一样的圈子，但是也没有由于要搞好各种关系而失去自己的个性，到头来其实他的“圈子”并不小。法国的 Andre Green，美国的 Thomas Ogden、Michael Eigen 和 Christopher Bollas（后移居英国）等都挺“粉”温尼科特的。他的性格也刚刚好，没有明显的人格问题，也没有高尚到要上神坛，比较符合“中庸之道”。顺便提一下，我当时试译温尼科特时，对他的生平没有很多了解。2013 年我在香港住的时候，从香港大学图书馆读过 F. Robert Rodman 所著的 *Winnicott：Life and Work* 一书，看后对他的生平有了更多了解。我当时在想，把温尼科特的著作译成中文该多好！后来没过多久，就在诚品书店里看到了台湾学者译出的繁体版。之后我又想，早点推出大陆简体版该多好。没想到现在这个简体版也要上市了！真是越来越“温热”啊！

温尼科特的理论也来得刚刚好。他既重视母婴之间的互动，也重视主体内在的精神结构；既重视分析双方的实际关系，也重视诠释的深度。所以他的理论不仅能跟很多精神分析家的理论“无缝对接”，也能跟很多文化有“预先的和谐关系”。我想这就是他在中国越来越受欢迎的原因吧。此外，温尼科特表述理论的方式也是刚刚好的，平易近人又不失深刻隽永，大部分著作整理自演讲，读起来也如师在侧、如友在邻。

来，我们一起读温尼科特。

张沛超

2016 年 3 月 24 日于深圳

中文版前言

与温尼科特相遇

2003年，施琪嘉老师递给我一本英文原版的《游戏与现实》，说："把第3章翻译出来，我讲课要用。"我花了1周时间把第3章翻译出来，并趁机翻看了全书。我深深地被这本书吸引，感觉受到很大的触动。1周后，我把译文与原书一同交还给施教授，一点都没有觉得日后自己会成为这本书的译者。与其他心理学大师一样，温尼科特被我放在心中的神坛上供奉着、祭拜着。许多年后，当师弟汤海鹏和我谈到他希望翻译这本书，但担心找不到出版社，问我有没有这样的关系时，我出于助人的目的，帮他联系了北京大学医学出版社的冯智勇老师。冯老师慧眼识书，认为这是极有价值的书，温尼科特也是非常有学术地位的分析师。他和他的同事董采萱老师、药蓉老师赋予本书极大的热情，鼓励我们翻译一套书，哪怕是从温尼科特的诸多著作中选择几本也可以。就这样，我们不知天高地厚地开始了这四本书的翻译，甚至忽视了自己的英文和中文水平有限，从此开始了感动与痛苦的几年！

很多施老师的研究生都曾经参与过这几本书的翻译，但最初的译文过于粗制滥造。我们曾经有一段时间每周二晚上在武汉中德心理医院的会议室聚会，讨论我们觉得有争议的句子。

温尼科特书中的很多独创词汇，或虽常用但被他改变了意义的词汇，以及他发散性的思维和不聚焦的写作方式，都让我们非常有挫败感。翻译组的人几经更迭，译稿也反复重写，我们仍担心会不会搞错了温尼科特的原意，弄得老爷子半夜从坟墓里爬出来朝我们怒吼——“你们瞎译”。我们渐渐发现自己的中文也学得不够好，因为有时候理解了温尼科特的意思，却很难用合适的中文写出来。我们几次想要放弃，但出版社的几位编辑却在百忙之中一直鼓励我们坚持，这使我们能够在各种挫败中最终完成了翻译工作。真的，此刻我最想感谢的就是这几位编辑——冯智勇、董采萱和药蓉老师，尤其是董老师，她一直持续地鼓励着我们，并多次通过邮件和视频与我讨论各种困难及具体细节。我想我欠董老师一碗热干面和一份豆皮！当然，还要感谢出现在我们译者名单中的各位老师，以及曾经参加翻译的李航老师、刘文婷老师等。

我们做了一件力所不能及的事，译文中难免尚存诸多遗憾，如果有机会再版，当全力修改。但能勉为其难地第一次把温尼科特的著作用中文简体版呈现给喜欢温尼科特的各位读者，我们在羞愧中也感到自豪，因为这可以帮助中国的读者与温尼科特在“过渡性空间”里相遇。

最后我要感谢在修稿令我感到无比痛苦、烦躁甚至愤怒的夜晚无限包容我的家人！

在结束这篇前言之前，董老师告诉我她查的这四本书的出版顺序是：《家庭与个体发展》（1965 年）→《游戏与现实》（1971 年）→《婴儿与母亲》（1987 年）→《人类本性》（1988

年）。作为中文简体版的译者之一，我建议大家阅读的顺序是：《婴儿与母亲》→《游戏与现实》→《家庭与个体发展》→《人类本性》。这样的顺序也许能帮助大家更容易进入到一个“过渡性空间”和温尼科特相遇。

卢　林

2016 年 3 月 12 日于伦敦

原著编者按

在 1971 年唐纳德·温尼科特去世后的这些年里，我们决定把他从未发表过的，以及只在期刊上和选集中发表的文章收集在一起，以他的名义结集出版。

这本书中的文章都是关于婴儿出生时及出生后很短的一段时间里所产生的心理过程的专业文章。人类的这一阶段，“在婴儿的萌芽意识中，婴儿和母亲尚未分离”。他们研究了婴儿护理者及婴儿母亲在这一过程中受到的影响。

我们尤其希望这个领域的专业人士能够认同本书的价值并享受其中的内容，也希望新时代的读者能通过温尼科特的能力看见瞬间的永恒。

Ray Shepherd

Madeleine Davis

1986 年于伦敦

目 录

1

平凡而奉献的母亲

对于一个老生常谈的题目，要怎样讲才可能有些新意呢？我的名字已经同这个题目联系在了一起，也许，我应该首先对此做点解释。

1949 年夏天，我和 BBC 制作人 Isa Benzie 小姐（她现在已经退休了，我很乐于记住她的名字）边喝东西边散步，她对我说，我可以就我所感兴趣的任何主题进行一个分九次举办的系列演讲。她想找一个恰当的主题，但我当时并无头绪。我对她说："对于告诉人们该如何做，我毫无兴趣，因为我都不知道该从何说起。但我倒是很愿意和母亲们谈谈她们做得非常不错的事情，她们的出色只是因为她们对此全情投入，无论是照料一个婴儿还是双胞胎。这种事既寻常又不寻常，寻常之处是这事天天发生；而不寻常之处在于孩子将不得不一开始就由一位'业余选手'来照料。"Isa Benzie 向前踱了约二十米，忽然理出了

注：每一章的信息来源于以前的出版物或演讲，可以在本书"每一章的原始资料"中找到。

思路，对我说道："好极啦！题目就叫'平凡而奉献的母亲'。"

这就是事情的由来。

可以想象，我多少会因为这个主题而被人取笑。有许多人推测我对母亲们婆婆妈妈、感情用事，把她们理想化而忽略了父亲们，对于某些母亲的不称职视而不见。我消化掉了这些小小的抱怨，因为我对这些批评背后隐藏的含义问心无愧。

还有另外一种批评，来自于听过我演讲的一些人，因为我曾讲过："平凡而奉献的母亲"的失败是孤独症病因学中的一个因素。当一个人真的从逻辑学上继续深入探索，涉及"平凡而奉献的母亲"失败后所产生的影响时，这种批评的声音更像是指责。如果所谓的"奉献"真的很重要，那么在这个领域里相对的失败或缺失，一定会产生麻烦的、不祥的结果。但是这不是自然而然的吗？在我后面讨论"**责备**"（blame）这个词的含义时，还会回到这个主题。

我知道我将不可避免地谈到这些显而易见的东西。我说的"奉献"，就是简单地指"奉献"，这是老生常谈。打个比方，你有份工作，需要每个周末为教堂准备祭坛上的鲜花。你承担了这个任务，却只是很简单地不会忘记这件事而已。到了星期五，你肯定已经把花准备好了。如果你患了流感，就算不愿意让别人来摆那些花，你也会到处打电话或通过送奶工给某人送个口信，让他帮你把花摆好。教众在星期天聚集时，圣餐桌空空如也，肮脏的花瓶中插着凋零的花，使体面的圣餐礼颜面尽失——这种事情根本就不会发生。不过，这并不是说，你从星期一到星期四都在为此事忙碌或焦虑。这件事只是躺在你的脑海深处“睡觉”，到了星期五或者是星期六，它就会苏醒过来，同时也把你唤醒。

同理，妇女们并不是时刻都神经质般紧张兮兮地考虑她们必须照料一个婴儿这件事。她们打高尔夫球，专心工作，自然地做着男人们也在做的各种各样的事情，比如不负责任、天马行空或是赛车等。类比上一段的例子，这就是星期一到星期五的生活，换句话说，星期一到星期五，她们不会惦记祭坛上的花。

然后，有一天她们会发现自己已经成了一个即将降临的小人儿的女主人，她们决定要承担这个小宝宝的住宿和招待，就像 Rober Morley 在《猜猜谁来吃晚餐》（*The Man Who Came to Dinner*）中所扮演的角色一样，练习适应对方逐渐增强的需求，直到遥远的某一天，和平与安宁重新降临；而她们这些女人，可能返回到一种可以更直接地自我表达的状态。在这种长期的“星期五—星期六—星期日”过程中，通过确认那个有幸生长成一个婴儿的小东西，并且这个小东西逐渐变得自主，且正咬着被他（她）作为食物的小手，她们进入了一个自我表达的阶段。

难得的是，这怀孕的九个月是有意义的。这九个月为妇女们提供了一个渐变的时间，使她们能够从自私的状态变为无私的状态。同样的变化也可以在父亲的身上被观察到；在决定收养孩子的家庭中也能观察到，在那些开始有收养想法的人、想法逐渐实现的人以及收养已经成为现实的人身上都能观察到。如果直到此时，才发现自己并不确定是否真的想要一个婴儿，那真是令人失望，这太不幸了。

现在，我要强调一下这个准备期的重要性。当我还是个医学生时，常常和几个朋友在一起分享北 Kensington 贫民窟中的一些有趣的逸闻，其中有个诗人。

我的诗人朋友长得非常高，属于闷骚型，总是夹着一根烟。一天，他沿着一排房子往前走，突然一所看上去蛮不错的房子闯入他的视线，打动了他。于是他按响了门铃。一位妇女来到门前，他感觉自己喜欢她的长相，于是就说：“我想在这里投宿。”她答道：“我有空房。你何时搬来？”他说：“我现在就住。”于是他走进房子，被领进卧室时，他说：“我突然觉得不太舒服，所以我想直接上床休息了。给我来杯茶吧。”然后他就上了床，在床上他呆了六个月。在之后的几天，我们也妥帖地住了下来，但诗人一直都是女主人最喜爱的。

但是自然法则是，婴儿不能选择他们的母亲。他们就这样出现了，而母亲得花时间去重新定位，她们发现在这几个月里她们的东方并不在东边，而是在中间（或者中间又靠旁边点儿？）。

我想大家也会同意我的这个想法，那就是，女人怀孕后**通常**（ordinarily）会进入一个特别的时期，并且通常在婴儿出生后数周或数月里逐渐恢复。在这个时期，很大程度上她就是婴儿，而婴儿也就是她。关于这些也没什么可奇怪的。毕竟，她一度也是婴儿，她有曾经身为婴儿的记忆，她有被照料的记忆，在她作为母亲的体验中，这些记忆如果不能帮助她，便会妨碍她。

我认为，如果在这个时候，她得到了爱人恰当的照顾，或被国家的福利制度照顾，或者两者皆有，曾经的婴儿就可能为成为母亲的这种体验做好准备，也就是说她不需要焦虑于她自己有没有保障，而能放心地聚焦于了解婴儿的需求是什么。你们清楚，我说的需求并不是单指婴儿饿了还是没饿，或是诸如此类的事情；我指的是数不清的那些非常微妙的事情，对于那些事，只有我的诗人朋友才有本事把它们变成恰当的文字。就我而言，我愿意用一个词来形容，那就是**勇敢**（bold），并且我觉得还需要延伸它的意思才能涵盖所有这些内容，即在这一刻母亲是什么，她在做什么。我相信这是一个关键性的时刻，但是我几乎不敢说出真相，因为如果要让一个妇女自我意识到当下——她自然而然所做的当下，这无疑令人同情。我们现在聊的这些内容是母亲们无法从书本上学到的。就在那一刻，母亲不需要任何人的帮助，甚至是儿科医生的提示，她就能体会到婴儿是需要被抱起还是放下，是需要单独待着还是需要翻个身，她会知道最必要的东西恰恰是所有体验中最简单的部分，这些体验基于无活动的接触。就在那一刻，两个实际上不同的人有机会感受一体感。这些事情给了婴儿存在（be）的机会，经过这个阶段，婴儿就可以进入下一个阶段——用行动去做，自主或被动的。在此基础上，新生儿逐渐成为“自我体验的**存在**”（self-experience being）。

以上提到的每一点都是非常细小和微弱的，但是反复叠加后，就形成了使婴儿有能力感觉到真实的基础。有了这种能力，婴儿就能够面对世界，或者应该这么说，婴儿就能够伴随着自己所继承的成熟过程一起获得进步。

当这些条件成熟时，婴儿就可以发展自己拥有感觉的能力，这些感觉在一定程度上贴合母亲的感觉，这种母亲的感觉也被她的婴儿认同；或者应该这么说，母亲高度专注于她的婴儿和对婴儿的照料。出生后三四个月，婴儿就可以展示他（她）所知道的母亲的形象，这里的形象指的是母亲专注于某个实际并非她本人的东西的状态。

需要记住的是，生命最初出现在孩子的心理过程中的东西，还需要很长一段时间来固着并加以确定。就像我们所预料的，（孩子）可能真的遗忘了那些曾经被呈现过的东西。但是在这里我想强调一下，复杂只能产生于简单。在健康方面，心理和人格的复杂性逐渐发育，稳步生长，总是沿着从简单到复杂的次序。

婴儿迟早会需要母亲无法适应他（她）——当然，这种失败应该是一种阶梯式累进的过程，而这是没办法从书本上学到的。对一个人类的孩子而言，当心理装备已经达到可以应对挫折和相对的环境失败，而他（她）还在继续体验着无所不能，这就太糟了。孩子从愤怒中可以得到许多满足，而这种愤怒又不能太强烈，不能强烈到绝望的程度。

尽管母亲会让自己的婴儿遭遇最可怕的挫折，但是母亲却从来不会让他（她）倒下，我想任何一个父母都能理解我的意思——也就是说，母亲的自我会支持婴儿的自我，这一点是可靠的。婴儿从来不会在醒来或哭叫时，却发现他（她）没有被人注意到。在以后的语言中，你会发现自己尽量不用谎话去敷衍你的孩子。

但是，当然啦，我在这里所讲的不仅仅是母亲能够沉湎于全神贯注地照料自己的新生儿，我还得指出，她是幸运的。即使在家规最严的家庭也会有麻烦发生，我不可能一一细数，就举三个例子来阐明三种类型的麻烦吧！第一种，纯粹是个意外——母亲生病了，死了，恰恰以她最不愿意的方式辜负了她的宝宝；又或者在她还没想清楚之前，她又怀孕了。她应该对这种混乱的状态负责，但是这事儿却不像眨眨眼睛那么简单。再或者母亲得了抑郁症，她会觉得自己剥夺了孩子的需要，她开始有情绪波动，在这种情形下，当她觉得受到侵犯时很容易快速作出反应。于是，她惹麻烦了，但是没人会责备她。

换句话说，有各种各样的理由来解释，在人格方面，为何有些儿童在他们能够避免被事实伤害或致残之前，的确被辜负了。

现在我必须重新审视“责备”的概念。带着对儿童的内在或个人的一切复杂性的关注来浏览人类的生长和发育，这是非常必要的。我们必须说：平凡而奉献的母亲失败了，这不需要责备任何人。就我而言，我对分配责备没有兴趣。母亲们和父亲们会责备自己，但这是另外一件事。的确，他们几乎会就任何事情责备他们自己，比如拥有一个患有唐氏综合征的孩子，但是实际上他们对此是没有责任的。

但是我们又必须要考虑到病因学方面的因素，并且如果需要的话，我们能够承认，我们所碰到的发育中的一些失败的确起源于在某一点或某一时段的平凡而奉献的母亲的失败。这和道德责任没关系。这是另外一个主题。不管怎样，如果可以作为母亲，我又能有哪些好的方面呢？

我必须得对病因学的权重进行一下分配（不过这可不是责备），只是因为一个特殊的理由，那就是：没有其他的方法可以让我们认识到平凡而奉献的母亲的积极价值。对每一个婴儿而言，很有必要有某个人来促进最早期的心理成长或心身成长过程，可以说，这个过程是最不成熟和绝对依赖的人格成长过程。

换句话说，我不相信 Romulus 和 Remus（战神的两个儿子）的鬼话，就如同我不相信狼外婆一样。如果我们非要认为这些神话中有真实存在的话，就等于承认，的确有一些真实存在的人，他们发现并照料着罗马的创造者。我不会在这里继续纠缠，我不认为作为男人和女人的我们要对那些曾经照料过我们的女人有亏欠感。我们没什么可感到亏欠的。但是对于我们自身，我们要对这个事实有一种理智的认识，那就是，生命初始时，我们（在心理上）是绝对依赖的，而且这个绝对的意思就是绝对。非常幸运，我们遇到的是平凡而奉献的母亲。

母亲在开始时的适应必须非常接近于孩子的需要。为什么这一点是必需的，我们可以接着再聊聊[①]。年长儿童的需求虽然更加复杂，但也更加明显，孩子从简单的、只对应母亲的二维关系进阶到三角关系，关于这些我们很容易讲出一大堆。很显然，孩子的心理发育需要稳定的环境配置，好在其中解决他们的爱恨冲突，以及他们的两种主要倾向——一种基于对同性父母的取向，另一种基于对异性父母的取向。我们可以在客体关系中异性恋和同性恋的争斗中发现这些。

我想你们一定都期待我能尝试讲清楚新生儿在这个最早的时期究竟需要什么。在这个阶段，需要有一个母亲形象，需要她

[①]下面这部分在温尼科特医生前面提到的谈话中找到。

在自己的意识中理解在这个时期中婴儿的依赖是绝对的，而别的几乎什么都没有。关于这个主题，我在前面已写了很多，现在我总结一下：在这些早期的、婴儿一生中最重要的时期里，在这个成熟过程的初期阶段中，婴儿有了体验他们之所以为婴儿的第一次机会。当促进成长的环境质量足够好，即人性化且个体化时，婴儿所继承的生长就能取得最初的重要成就。人们可以给这些事情命名。我们将其中最主要的成就用“**整合**”（integration）这个词来命名。能够合成这个独特的婴儿的所有行为和感觉的碎片时不时地会合为一体，因此在某些整合的片刻，婴儿是一个完整的整体，尽管他（她）还是高度依赖性的。可以说，母亲的自我支持使婴儿自我的组织变得容易。最终，婴儿变得能够主张他或她自己的个性，甚至可以感受认同的感觉。如果进展顺利，整件事就会很简单，而所有这些的基础在于非常早期的关系，在那时婴儿和母亲是一体的。这可没什么神奇的。母亲有一种非常复杂的对婴儿的认同方式，通过这种方式，她能够很好地认同婴儿，当然她仍旧是个成人。而另一方面，婴儿在与母亲接触的静谧瞬间与母亲产生了认同。这与其说是婴儿的成就，还不如说是由母亲促成的关系。在婴儿看来，除了他（她）自己，什么都没有，因此母亲最初是婴儿的一部分。换句话说，人们将此称为“初级认同”。这是一切事情的开端，它给非常简单的词赋予了涵义，比如**存在**（being）。

我们可以使用一个法语化的词“existing”来谈论“**存在**”（existence），并且把它带入哲学领域，称它为**存在**主义。但是不知道为什么，我们通常喜欢从“being”这个词开始陈述，然后才是“**我是**”(I am)。关键是如果我在初期和另一个并没有被区分开的人是合一起的,“**我是**”便毫无意义。由于这个原因,谈论“**存在**”(being)比谈论“**我是**”要更真实些,“**我是**”应该属于下一个阶段。存在是每件事的开端,没有它,“**做**”(doing)和“**被做**”(being done to)就没有意义,不过这些不能被过分强调。我们可能会诱使婴儿吃东西,让婴儿发挥躯体运作的一切功能,但婴儿不会将这些事情作为一种体验去感受,除非这一体验是基于大量“自然的存在”(simple being)构建起来的,而这些自然的存在足以形成人类的自体。

整合的反面是整合失败,或者说整合状态的解离。这是让人难以忍受的。这是新生儿最根本的、难以想象的焦虑之一,事实上,成年人朴实的照料可以预防这种焦虑,几乎所有的新生儿都是这样的。我可以很简单地列举一或两种其他的基本发展过程。不能想当然地认为,新生儿的心灵会在和躯体,也就是和身体及其功能的伙伴关系中令人满意地形成。身心存在是个成就,尽管它的基础是一种继承下来的成长倾向,但是如果没有一个抱持和负责婴儿的人积极参与,它是难以变成事实的。此处的崩溃与影响身体健康的所有问题有关,这些问题实际上来源于人格结构的不确定性。你可以看到,这些早期成长过程中的故障立刻把我们带到了症状学领域,就是我们在精神病院发现的症状。因此,预防精神疾病应该从新生儿的照料就开始了,事情自然而然地降临到那些愿意拥有一个婴儿并来照料的母亲身上。

另一件我要提到的事与客体关系的起源有关。我们现在已进入一个复杂的心理学观点。无论如何，你会认识到：如果婴儿和母亲之间的关系是满意的，客体就开始出现，婴儿就能够象征性地使用它；不仅仅是被吮吸的拇指，还有被抓住的其他一些东西，最后可以是一个洋娃娃或一个玩具。就客体关系能力的失败而言，此处的故障必须被评估。

这是可以被观察到的。看上去我们谈论的只是非常简单的事，但其实是与奠定心理健康基础有关的意义重大的事。虽然在后面的抚育步骤中，有大量的过程还要进行，但是好的开端等于成功的一半。有时，母亲们可能会因为意识到她们所做的事是如此重要而感到惊慌，在这种情形下，最好别告诉她们。这会使她们变得不自然，反而难以把事情做好。这些事情不可能通过学习来懂得。焦虑不能替代这种几乎是躯体性的、非常简单的爱。可能有人会问我：为什么要不厌其烦地谈论这些内容？我想强调的是，必须有人来谈论这些，不然我们会忘记这些极早期关系的重要性，而且我们会太随意地去干涉。这是我们绝对不会去做的事。当一个母亲拥有恰好成为母亲的能力时，我们必须永远不去干涉。她不可能为自己的权利战斗，因为她不懂这些。她所知道的全部就是——她被伤害了。只是，这个伤害并不是骨折或是她胳膊上深长的伤口。它会带来婴儿人格的受损。当我们不必要地去干涉某个如此简单以至于看上去似乎不怎么重要的东西时，母亲就不得不耗费她生命中一年又一年的时间来弥补这个实际上是由我们造成的伤害。

［1966］

2

了解与学习

对于一个年轻的妈妈来说，总是有太多东西需要学习。她也常常会从专家那里得到一些有用的知识，比如与添加固体辅食有关的知识，维生素的相关知识，以及如何使用体重图表；有时还会得到其他一些事情的指导，比如关于婴儿拒食。

在我看来，年轻的母亲搞清楚这两类知识的区别是非常重要的[1]。你本身所知道和所做的仅仅是因为你是一个婴儿的母亲，这些同你通过学习所了解到的知识是完全不同的，它们之间的差异就如同英格兰的东海岸与西海岸之间那么遥远。我不会过分强调这些。正如发现可以预防佝偻病的维生素的教授会教给你一些东西，你同时也可以教给他一些别的、你自然而然就拥有的知识。

当用母乳喂养婴儿的母亲完全沉浸于早期对婴儿的照料时，根本没必要为蛋白质与脂肪所烦恼。大约在九个月时她给婴儿断奶，到那时婴儿对她的依赖会减少，她就可以比较自由地去

[1]这是温尼科特对母亲们的演讲。

研究事实以及医生与护士所提出的忠告。显然，存在着许多她不能凭直觉了解的事情，她真的希望有人能告诉她该如何添加固体辅食，告诉她如何用一些方便食品，可以让婴儿在成长的同时保持健康。但是除非她打心眼儿里能接受，否则她是听不进去的。

我们很容易看到，通过这些年的大量研究，医生可以提供一点关于维生素的建议。对于科学家的工作以及这项工作所必需的自律，我们充满敬畏，同时也充满感激之情，因为借助科学研究的结果可以避免许多疾患，例如在饮食中加入几滴鱼肝油就可以减少佝偻病的发生。

但如果科学家们愿意，他们会对这些母亲们的直觉充满敬畏，因为这些直觉使母亲们可以不用学习就能照料婴儿。事实上，我想说的是，这种直觉的可贵之处就在于它是天然的，没有被学习污染。

在筹备关于婴儿护理的一系列演讲和书籍时，有一件事让我很头痛，即如何让母亲们得到准确的科学知识，同时又能避免让母亲们感到困惑。

我希望你对拥有作为母亲的能力感到自信，我不希望你因为不了解维生素，就觉得自己也不了解其他东西，譬如如何抱孩子。

如何抱你的婴儿，那也许是一个让我来继续探究的好例子。

“抱婴儿”（holding the baby）这个短语在英语中有很明确的意义：某个人和你合作一起做这个事情，然后轻快地走开了，而你被留下来“抱婴儿”。据此我们都知道每个人都了解母亲们自然会有一种责任感，如果她们怀里抱着孩子，她们会以特殊的方式卷入。当然，如果父亲不能享受他不得不扮演的角色，也不能与母亲一起分担孩子必须随时得有人照顾这个重大的责任，那么从这个层面来说，一些抱着婴儿的女人确实被遗弃了。

或者也许婴儿的父亲不在这儿。不过，通常情况下母亲都能感觉到丈夫的支持，因此可以自在地成为得体的母亲。抱婴儿的时候，她会很自然地抱，而不会思前想后。和这样的一个母亲说“抱婴儿”这样的事是个技术活，她一定会感到非常惊讶。

当人们看到婴儿的时候，可能希望能得到比如将孩子抱在怀里这样的经历。假如你觉得这件事对孩子毫无意义，你是不会允许他们抱你的婴儿的。的确，孩子对他们被抱的方式非常敏感，因此，即使他们还很小，他们也可能会在一个人怀里哭喊，而在另一个人怀里心满意足地休息。有时候小女孩会要求抱一抱刚出生的小妹妹或小弟弟，这可是件大事。明智的母亲会记得不要将全部责任下放给这个孩子，如果母亲答应小女孩，母亲会一直待在那儿，随时准备好将婴儿抱回她安全的怀抱。明智的母亲当然也不会想当然地认为怀里抱着婴儿的姐姐是安全的。这会否定它所有的意义。我认识一些人，他们终其一生都记得抱着婴儿弟妹时的可怕感受，而且是无法觉得安全的噩梦般的感受。在这个噩梦中，弟弟或妹妹从怀里掉到地上了。在噩梦中出现的恐惧就如同真的伤害一样，使得姐姐将婴儿抱得过紧。

因为你对婴儿的专注投入，所有这一切都让你自然而然地亲自去做一些事。你不会很焦虑，因此不会将婴儿抱得太紧。你才不会担心将婴儿掉在地上呢。你会根据婴儿的需要来调节你手臂用力的程度，你轻柔地动，也许会弄点响声出来。婴儿感受到从你的呼吸、你的皮肤中散发出的温暖，他/她发现你的拥抱非常舒适。

当然，有各种各样的母亲，有一些人对她们自己抱婴儿的方式不太满意，也有些人会感到有点困惑，因为她们发现婴儿在小床上看起来更开心。这类母亲的身上也许有一些遗留下来的恐惧，当她还是个小女孩的时候，她的母亲让她抱婴儿，那时她不得不应付这个恐惧。或者，也许她有一个不善于处理这类事的母亲，因此她害怕将属于过去的不确定感传递给她的婴儿。一个焦虑的母亲会尽可能多地使用婴儿的小床，甚至将婴儿交给护士照看，护士是经过精心挑选的，她能用自然的方式对待婴儿。世界上每一种类型的母亲各有自己的空间，一些可能擅长这方面，另一些可能擅长那方面。或者换句话说，有人在这些方面做得不好，有人在那些方面做得不好。有些母亲就属于焦虑的抱持者。

更细致地了解这个问题是有意义的。如果你的确能够把你的婴儿带得很好的话，我希望你能知道你是在做一件很重要的事情。你在为这个社会的新成员的心理健康打下良好的基础，尽管这只是其中的一小部分。

让我们来想象一下：这里有一个刚刚出生的婴儿（通过对婴儿出生时状况的观察，我们会了解将来会发生什么并且会不断重复）。抛开饥饿、愤怒以及所有重大的动荡不谈，我把婴儿与世界的联系描述成三个阶段（用你的手臂和你呼吸的身体代表）。第一个阶段：婴儿是自我容纳的，一个活的生物，却被空间围住。除了自己，婴儿什么也不知道。第二个阶段：婴儿活动胳膊与膝盖，或向外伸展一下，穿越空间。婴儿让环境吃了一惊。第三个阶段：抱着婴儿的你惊跳了一下，因为门铃响了，或水壶叫了，啊，又一次穿越周围的空间。这一次，环境让婴儿惊奇不已。

首先，自我容纳状态的婴儿处于一个介于婴儿与世界之间的空间。接下来婴儿让世界惊奇。最后，世界让婴儿惊奇。这一切如此简单，所以我认为它作为一个自然的系列会吸引你，这对于你琢磨如何抱婴儿是个很好的基础。

这是显而易见的，但是如果你不了解，你很可能轻易地就浪费了这巨大的潜能。你会不知道该如何去给你的邻居、你的丈夫解释：留一点空间给你自己，在这里你可以让你的婴儿在一个健全的基础上开始生活，这一点对你来说是多么重要。

我继续沿着这个思路深入。在这个时期，这个空间里的婴儿准备了让世界惊奇的动作，用这个方式发现世界的婴儿也及时准备好了迎接这个世界所酝酿的惊奇。

婴儿并不清楚他（她）周围的空间是由你维系的。在婴儿发现这一点之前，外周世界不能入侵，你要非常地小心翼翼！在宁静却充满活力的状态下，你用自己的生命跟随婴儿的生命，而且等待由婴儿做出你得以被发现的动作。

如果你感到昏昏欲睡，尤其是当你情绪抑郁时，你会把婴儿放在小床上，因为你知道你的睡眠状态不足以让你清醒地保护婴儿对周围空间的印象。

如果我特别提到很小很小的婴儿，以及你对他们的管理，这并不意味着我不涉及较大的儿童。当然，大部分时间里，年龄较大的婴儿会经历复杂得多的事务，他们也不再需要这种特别的、母亲抱着刚出生的婴儿时所天然具有的管理方式。但是常常有这样的情况：较大的儿童仅仅在几分钟或一两个小时后，就需要回来并再次回顾最早阶段的体验。或许孩子遇到了某个意外，跑到你这里来大哭，可能要五分钟或十分钟之后才能重新回去玩耍。在此期间，你将孩子抱在怀里，并容许我刚才所谈到的一系列事情发生。首先，静静地但充满活力地抱着孩子，然后准备好让孩子动一动并发现你，与此同时，孩子的眼泪消失了。终于，你能够相当自然地放下孩子。再比如，孩子感到不安，或悲伤，或累，不管怎样，有一小会儿，这个孩子是一个婴儿，你知道得给这个孩子时间，好让他（她）完成从绝对必要的安全环境到普通环境的自然回归。

因为你在照顾你的孩子这个特殊领域里是专家，你有这方面的知识，所以我选择了这方面的许多其他例子。我希望能鼓励你保持并保护这些专门的知识。它不可能被教会。然后，你才能从其他类型的专家那里学习。只有当你能够保持住你身上这些天然的东西时，你再去学习医生和护士教给你的东西才会安全。

可能有人认为，我是在教你如何抱你的孩子。哦，这看起来好像离真相很远。其实，我正在尝试描述你自然而然做的事情的各个方面，这样你可以认识到你在做的，并能够对你天然的能力有所感受。这是很重要的，因为不动脑筋的人会经常试着教你做那些实际上你比教导者更擅长的事。如果你能确信所有这些，如果你能够不丢失你天然拥有的东西来吸收新知识，你就可以通过学习这些新知识来增加作为母亲的价值，因为我们最好的文明和文化还是提供了很多有价值的东西的。

［1950］

3

作为交流的母乳喂养

从儿科医师转行后，我就一直从事儿童精神科的临床工作，这使我有了丰富的个案分析经验。但是，突然有一天我意识到：为了开展工作，我们必须开拓一套关于作为个体的儿童在所处的环境中其情绪以及生理如何发展的理论。我希望这套理论所覆盖的范围尽可能广泛，同时考虑到以后还可能会有新的临床经验出现，在必要时需要能方便地对该理论进行修改，我希望该理论是有弹性的。

多年来我一直强调母乳喂养，正如我所希望的，我发现母乳喂养的趋势受到了鼓励和推进，的确变得越来越普遍。但我并不想特别关注这一点，因为这是很自然而然的，而这种自然，似乎为孩子的心理健康打下了一个很好的基础。

我首先要让我自己从宣传促进母乳喂养的情感态度中分离出来。我认为对母乳喂养而言，宣传总有着另一面。毋庸置疑，当今世界上有很多人没有接受母乳喂养的经历，但他们也成长得很好。这说明婴儿应该有其他体验与母亲的躯体亲密接触的方式。然而，无论由于什么原因不能进行母乳喂养，我自己总是会感到难过，只因为我相信，假如母亲和婴儿缺失了这一经历，他们的确丧失了某些东西。

我们不仅仅关注疾病或精神障碍；我们还关注人格的丰富和个性的力量，获得快乐的能力，以及革命和反叛的能力。真正的力量可能来自于沿着自然轨迹发展过程中的个体体验，这也是我们希望在个体身上能看到的。在实践中，这种力量很容易被忽视，因为还有一种类似的力量可能来自害怕、愤怒、被剥夺和从未拥有的状态。

如果关注儿科医师的教学，有人可能会思索母乳喂养是否真的比其他喂养方式更好。实际上一些儿科医师相信，从解剖学和生理学上来说，人工喂养如果做得好的话，效果会更加令人满意，这也是他们所在意的。如果一个儿科医师看起来似乎忘了婴儿并不只是由血液和骨头组成时，当他结束了谈话，我们不要觉得这个话题已经结束了。我认为个体的心理健康从一开始就由母亲铺设，母亲提供了我所说的促进性环境，在这个环境里，婴儿的自然成长过程以及同环境的交互作用能够凭借个体的遗传模式发展起来。母亲（并不知道这一点）在为个体心理健康打下基础。

但不仅仅于此。我们对心理健康做个假设：假如母亲做得好，就为个体的个性力量以及人格的丰富奠定了基础。在这样一个好的基础之上，随着时间的推进，个体才有机会去创造性地接触世界，并且享受和使用这个世界所提供的如文化遗产这样的东西。不幸的是，如果一个儿童没有足够好的开始，那么文化传统可能也只能是仿佛从来就没有存在过，美好的世界也只是一个不能享受的诱人情调，但这是事实。这样就有了富人和穷人，不过这跟财富无关，这和儿童开始得是否足够好有关。

当然，母乳喂养问题只是这个庞大问题的一部分，是某个人通过被给予足够好的环境条件而开始生命征程时，我们所指的一部分。然而母乳喂养并不是全部。精神分析师们对我们在当今时代使用的个体情绪发展理论负有责任，某种程度上，他们对这一点也担起了责任，那就是他们用有些过分强调的方式来提出真实的乳房。他们没错。然而，在过程中我们了解到，“好乳房”是一个术语，一般情况下是指通常意义下的令人满意的母亲般呵护和亲子关系。例如，抱持和回应比母乳喂养经验的真实体验更为重要。众所周知，也有许多婴儿看起来似乎也拥有满意的母乳喂养体验，但他们在这一感觉上是不满意的：在他们的发展过程中，以及他们同人发生关系并利用客体的能力上，已经有明显的缺陷——一个由于抱持和回应不良而引起的缺陷。

乳房这个词以及母乳喂养的观点是一种表达，对于婴儿来说，是作为一个母亲的整体技术。一旦我将这一点阐述得非常清晰，那么我就可以无所顾忌地讲述乳房本身可能是多么重要。你也许能感觉到我正试图回避一些东西：我和那些只关心母乳喂养的人是有区别的。我曾经目睹很多孩子同母亲一起挣扎着让乳房工作，这真是一个非常糟糕的时刻，母乳就是出不来，因为这不受意识控制。母亲受罪，婴儿也受罪。终于有一天奶瓶出现了，婴儿通过吸入恰当数量的适宜食物而获得了满足，不管怎样，事情在这一意义上进展良好，因为此刻痛苦的体验得到了极大缓解。假如母乳喂养的观点没有变成宗教信仰，其实大量的这一类的痛苦挣扎是可以避免的。如果一个女人本来就准备用母乳喂养孩子，并且她很自然就这么做了，而这时某个权威，一个医生或护士过来说："你一定要用母乳喂养你的婴儿。"在我看来，这简直是彻头彻尾的侮辱。如果我是一个女人，这会让我感到厌恶。我会说："很好，但是我不会去做。"不幸的是母亲对医生和护士有这样一种糟糕的信念，她们认为，当事情不妙或需要急救时，医生是知道该做什么的，所以就想当然地认为医生也应该知道如何帮助母亲和婴儿相处。但是，通常医生对此一无所知，因为这其实是一个关于母婴之间亲密关系的问题。

这通常也是一个需要医生和护士了解的问题：假如躯体方面出现问题，他们的确是被需要且非常需要的，但是，在关于亲密关系的问题上，他们并不是专家，而亲密对母亲和婴儿都是至关重要的。如果他们开始提供关于亲密的忠告，他们就把自己放在了危险的情境中，因为母亲和婴儿都不需要忠告。取而代之，母亲和婴儿需要的是一个环境，一个培养母亲对自身信念的环境。越来越多的父亲在婴儿出生过程中能够在场，这是一个非常重要的现代发展，母亲在休息前能够看一眼她的婴儿，这是第一时刻，父亲在现场体现了对第一时刻的重要性的理解。这跟母乳喂养的确立是一样的。如果母亲通过慎重的努力却不能用乳房喂养婴儿，有些事情就变得很棘手了。她必须等待自身的反应，或在另一方面，她的反应是如此强烈而等不及婴儿，从而因为奶水不通而不得不寻求帮助。

然而，关于在这方面对医生和护士进行教育，值得一提的是他们有其他太多需要学习的了，因为现代医学和外科的需求实际非常大。而且，医生和护士也是很平常的人。对于父母而言，要让他们了解并自我意识到他们在这一极早阶段的自身需要并强调自我满足。只是在偶然情况下，父母可能去找医生和护士，医生和护士了解自己的职能，同时也清楚父母的职能，这样伙伴关系就会保持得比较愉快。站在我的角度上，自然听到了很多母亲跟我抱怨，由于医生和护士首先强调生理上带来的痛苦，所以不可避免地会进行干预，但这些干预在帮助母亲、父亲和婴儿之间建立相互关系方面起到负面作用。

当然，有一些母亲在个人方面有极大的困难，这些困难属于她们自己的内在冲突，或许跟她们作为婴儿的自我体验有关。这些问题有时可以得到解决。母亲在母乳喂养有困难的时候，去尝试一个在某种程度上一定会失败的情境是不妥的，很有可能演变成灾难。一些有预先观念的人认为，母亲就母乳喂养应该做点什么，这是一个很糟糕的实践。母亲不得不放弃母乳喂养并采取另一种喂养方式，这是经常发生的事情，而她可能在第二个或第三个孩子的母乳喂养上获得成功，并很高兴这些通过一种自然的方式发生。当婴儿不能被乳房喂养时，母亲也可以通过许多其他方式为婴儿提供躯体上的亲密接触。

此刻，我很愿意阐述这些在很早阶段就十分重要的问题。有位妇女领养了一个六周大的婴儿。她发现孩子在与人接触、拥抱以及婴儿照顾中惯常的抱持与应对方面反应很好。然而在六周后，母亲发现这个婴儿有一种源于先前经验的模式。这个模式只与喂养情境有关。要让婴儿得到喂养，她只好将她放在地板或硬桌上，而且在没有其他任何种类的躯体接触的情况下握着奶瓶，以便婴儿能通过吸吮来作出反应。这一反常的喂养模式持续下去，将织入孩子的人格品质中，并向任何一个观察这个孩子发展的人清楚地表明，早期非人性化喂养的经验产生了一个影响，在本案中这并不是一个好的影响。

如果我继续提供解说性材料，只会把问题弄混，因为这个主题涵盖了一个很广阔的范畴，对我来说这样更好：去征询正在倾听我的那些人的经验，并且提醒你最初在母亲和婴儿之间发生的细微小事是很重要的，而不是因为它们看起来是如此自然，就理所当然地被认为不那么重要。

现在来谈谈母乳喂养的积极意义，因为母乳喂养并不是绝对必不可少的，并且在母亲有个人困难的时候不应坚持。我想要说的显而易见的部分与从属于喂养经验的巨大财富有关；婴儿是清醒和鲜活的，其表现出的全部人格都参与其中。最初婴儿的清醒生活有许多都跟喂养有关。在某种程度上，婴儿正在收集用来做梦的素材，虽然其他一切事情很快也被收集进来，并能在沉睡的孩子的内在现实中回荡。医生们如此习惯于谈论健康和疾病，以至于有时候他们忘记谈论健康中的巨大变异，而这些变异非常真实：当一个孩子的体验是无力的、无色彩的，甚至是无聊的时，另一个孩子的体验却几乎是特别兴奋的、特别富于情调和感觉的，是他（她）可以承受范围内的丰富。对于某些婴儿，喂养体验是如此乏味，以至于带着愤怒和挫折哭喊也是种莫大的安慰，至少这样能感觉到真实，并且一定牵涉到整个人格。因此，在看待婴儿的母乳喂养经验上，首先要做的事情是，从体验的丰富性和整个人格的卷入方面进行思考。当奶瓶得到使用时，就可以看到母乳喂养情境的许多重要特征在那儿。例如，母亲和婴儿互相看对方的眼睛，这是早期的一个特征，不完全依靠对真实乳房的使用。然而个体会猜想，母乳喂养的口感、气味和感觉体验在婴儿用奶嘴的过程中基本上是没有的。即使有这一缺点，婴儿无疑也可以通过一些周边途径来逾越，并且在一些情况下，对使用橡皮以愉悦感官的过高评估可以回溯到奶瓶喂养体验中对橡皮的过高评估上。婴儿感受经验的能力可以在我所说的过渡性客体的使用中体现出来，对婴儿来说，丝绸、尼龙、羊绒、棉花、亚麻制品、僵硬围裙、塑胶和潮湿的尿布之间终究都有不同。然而，这是另外一个主题，我提到这一点只是要提醒你，事实上在孩子的小小世界中发生着惊天动地的事。

当婴儿用母乳喂养时，婴儿的经验比用奶瓶喂养时更丰富，根据这一观察，不得不叙述母亲亲自感受和体验到的一切。我几乎不需要在这个大的话题上开始，尝试着描述母亲可能体会到的成就感，这时对母亲而言感觉有几分讨厌的生理和解剖结构突然变得有意义，而且她能够处理婴儿将要吃掉她的这一恐惧感，因为她发现实际上她有可以哄骗婴儿的、被称为奶水的东西。我更喜欢将这些留在你的想象之中，但是对以下这个事实给予关注是很重要的。尽管对婴儿的喂养可以令人非常满足，但无论喂养做得如何，对于能用这种方式使用她自己身体的一部分的女人来说，满足也是有不同等级的。这种满足是与母亲自己在婴儿时期的经验相关联的，并且整个事情都回到了人类的最初阶段，那时人类几乎没有从哺乳动物的位置上离开过。

现在来谈谈在我所观察的领域中我认为最重要的东西。这一定与如下事实有关：精力充沛的婴儿身上具有攻击性。在这一过程中婴儿开始踢、尖叫和抓挠。在喂养情境里，开始时有非常强有力的牙龈活动，这种行为很可能导致乳头裂开；一些婴儿确实用他们的牙龈紧紧咬住乳头而导致了许多伤害。不能说他们在试图搞破坏，因为此时此地的婴儿还不足以用攻击表示任何事情。然而在哺乳的过程中，婴儿有咬的冲动。具有重大意义的某件事情开始了。它属于残酷和冲动的整个领域，属于对无保护客体的使用。非常、非常快地，婴儿转而保护乳房了，事实上甚至在婴儿长出牙齿之后，他们也很少咬乳房来搞破坏。

这并不是因为他们没有这个冲动；这就好比将狼驯服成狗，将雄狮驯化为小猫。然而，有一个不可能避免的非常困难的阶段伴随着人类婴儿。假如母亲能知道这点，她就可以通过这一阶段轻而易举地了解婴儿。在这个阶段里，有时她正遭受婴儿的破坏，但她不用变得报复和复仇就能保护好自己。

换句话说，母亲有一个工作：在婴儿咬、抓、拉扯她的头发和踢的时候，要存活下来。婴儿也会停下来休息。如果母亲存活下来，那么婴儿就会对爱这个词汇寻找到一个新的意义，新的事物在婴儿生活中诞生，那就是幻想。这就犹如婴儿现在可以对母亲说："我爱你，因为你在我的摧残中存活了下来。无论何时当我想起你，我都会在我的梦和幻想中破坏你，因为我爱你。"正是这一点让母亲具体化，将她置于一个不是婴儿部分的世界中，并且令她有用。

你会发现，我们在谈论一个六个月以上的婴儿，而且我们还在讨论一个两岁的孩子。我们在发现一种语言，这种语言对于总体描述儿童的向前发展很重要。在发展中儿童成为世界的部分，而不是生活在一个由母亲适应他需要的非凡能力所制造出的、专门受保护的或主观的世界里。但即使是对于新生儿，也不要否认后来这些事情的萌芽。

进入这一变迁不是我们这里的工作，这一变迁在每个儿童的生活中太重要了，并且使儿童能够成为世界的一部分、利用世界并对世界做出贡献。这里重要的是承认这一事实：人类个体这一健康发展的基础是曾经受过攻击的客体的存活。在母亲喂养婴儿的情况下，她的存活不仅仅是作为一个有生命的人，而且也作为这样一个人：她在关键时刻没有变成怀有报复心的人，并且没有实施报复。很快其他人，包括父亲、动物和玩具，扮演着同样的角色。可以看到对母亲来说这是多么麻烦：将断奶同因为婴儿的自然发展过程而刚刚产生的、用来破坏的客体的存活这一事情分开。不进入到属于这个话题的极为有趣的难题中，就有可能相当简单地说，基本特征是这一背景下客体的存活。现在有可能去弄清乳房和奶瓶的区别了。在所有情况下，母亲的存活至关重要。不过，母亲身体一部分的存活和奶瓶的存活肯定是有区别的。作为对这一点的评论，可以引用在喂养中奶瓶打破给婴儿带来的极度创伤体验，例如养育的母亲将奶瓶掉在地板上。有时候，是婴儿自己将奶瓶推倒并打破它。

也许从这个观察中，你可以以你自己的速度明白这一点，并且和我一起看到：作为母亲一部分的乳房的存活所拥有的意义，同玻璃奶瓶的存活所拥有的意义在级别上是完全不同的。这些考虑让我将母乳喂养视为这样一种自然现象，即这些现象本身很合理，即使在必要的时候它可以被绕开。

[1968]

4

新生儿和他的母亲

这个主题太复杂了，使我怀疑是否需要再增加一个新的研究维度。不过在我看来，如果心理学在对新生儿的研究中有效，那么它只是对这种复杂性的实践而已[1]。在理论领域，如果没有涉及问题本身，那么这个理论一定有问题；否则这个理论中应该包含了真理的成分，而在这种情况下，理论是被简化了的，这种简化的方式就是真理经常用到的简化方式。

谈论新生儿和母亲这对养育组合，将是个相当宽泛的话题。如果仅仅描述大家都知道的关于新生儿的内容，我可不喜欢这个差事。我想讨论的是心理学。假设我们看到一个婴儿，我们就会看到他背后的养育环境，在这一环境的背后，我们看到母亲。

如果我提到“母亲”的次数比“父亲”多，我希望父亲们能够理解。

区别母亲的心理和婴儿的心理这两者之间的巨大差异是非常

---

[1]温尼科特对儿科医生的演讲。

有必要的。母亲是老于世故的人，而刚出生的婴儿则与此相反。许多人都感到，在婴儿出生后的几周甚或几个月之内，就用所谓“心理学的”东西来描述一个婴儿，这可不太容易。但是话说回来，医生有这种困难，母亲可没有。我们是否可以认为：母亲应该被期待可以发现比这里所呈现的更多的东西，而科学家们则可能熟视无睹，除非先得到了证实？

据说在新生儿期，生理学和心理学是一回事（John Davis）[②]。这是个好的开始。心理学由生理学逐渐延伸而来。不必争论究竟这个改变是什么时候发生的。它因事件而异。不过在这一领域里，出生的那一刻被认为是发生巨大改变的时刻，因此从心理学的角度看，早产儿在恒温箱里生长可能会更好，而过期产儿需要更多的拥抱和身体接触，才能够茁壮成长。

这是我研究的一个专题：只要母亲们没有精神疾病，她们在怀孕的最后月份里都能适应这个非常特殊的任务，在生产过程之后的数周或数月里，她们又会慢慢地恢复过来。在“原始母性贯注”（primary maternal preoccupation）这个主题下我曾写过许多与此有关的内容。在这个状态下，母亲们变得能够设身处地为婴儿考虑。也就是说，她们发展了一种惊人的能力来认同婴儿，这使得她们能用一种机器无法模仿、教育也无法企及的方式来满足婴儿的基本需要。我一直在陈述“一切婴儿照顾的原型是抱持”，我们能够认为这是理所当然的吗？我指的可是有同情心的抱持！我很清楚我在将“抱持”这个词的含义延伸到

[②] Join Davis：是温尼科特在 Paddington Green 儿童医院的儿科同事。

极致，但我要提醒这是一个简洁的陈述，而且足够真实。

一个被抱持得足够好的婴儿和一个没有被抱持得足够好的婴儿是有相当大的不同的。对我而言，假如抱持的质量没有被清楚描述，对任何婴儿的任何观察都没有价值。举个例子，我们刚才观看了一场对我有特殊意义的电影。一位医生正扶着一个正在走路的婴儿，婴儿正在学走路；如果你观察医生的语言，你会发现他的确是非常谨慎、敏锐而细腻的，并且婴儿也并没有表现出当其他人扶着他时所表现出的不安。我认为，总体来说，儿科医生是能够认同婴儿并抱持婴儿的人，也许就是这种认同的能力使人们对儿科学感兴趣。在此，我想强调一个观点，因为有时候是用婴儿表现的方式来描述巨大的变化的，所以我希望能够用录像的形式把正在做调查的人拍下来。这样，我们可以自己判断：这个人在那个时刻是否了解婴儿的感受。也许你们感到疑惑，明明就是一个简明的陈述，为什么我会这么强调婴儿照料的这一特殊属性。那是因为，在情绪发展的早期阶段，在感觉被组织起来之前，在一个可以被称作“自主自我”（autonomous ego）的东西出现之前，婴儿体验到非常严重的焦虑。事实上，“焦虑”这个词所描述的程度还远远不够。在这一阶段，婴儿痛苦的程度等同于在恐慌背后蕴含的痛苦，而恐慌已经是针对极度痛苦的一种防御，这种极度痛苦使人们宁可自杀也不愿记住它。大家可能注意到我在此使用的是非常强烈的语言。有两个婴儿：一个被抱持（我延伸了这个词的意思）得足够好，依据先天倾向发展，没有什么会妨碍其快速的情绪发展。另一个不具有被很好抱持的体验，发展不得不被扭曲和延迟，某种程度的原始的极度痛苦不得不被带进生活和生存里面。可以这样说，在足够好的抱持的普通体验中，母亲能够提供一种辅助性的自我功能，因此新生儿从很早就有了一个非常虚弱的、个性化的自我，但借助母亲敏锐的回应，以及母亲在基本需要方面认同婴儿的能力，新生儿的自我增强了。没有经过这种体验的婴儿，要不就是需要发展出早熟的自我功能，要不就是发展得一团糟。

我发现我必须做一次不加修饰的陈述，因为这不一定是真的：那些在生理学方面有经验的人会对心理学理论了解得更多。在情绪发展心理学中，如果要实现个体的成熟过程，就需要提供一个促进性环境。而这个促进性环境很快就会变得相当复杂。只有人类才能在某种程度上了解婴儿，而这才使得适应婴儿不断变化而且日益复杂的需要成为可能。早期阶段的成熟过程，从很大程度上讲，其实一直是个整合的问题。这里我不可能重复已有文字记录的、关于原始情绪发展的所有细节。但是，在这个标题下，我认为有三个主要的任务：自体（self）整合、存在于身体内的精神、客体关联。与这些大致对应的是母亲的三种功能：抱持、应对、客体呈现。这本身是一个很大的主题。我已经在“生命的第一年”[③]中努力说明这点，现在我努力让大家从婴儿的出生日就开始注意这个主题。

我想强调这样一个事实，即婴儿从一开始就是人，也就是说，他们有一套适宜的“人类”装置。我知道在此我没有必要

[③]参见《家庭和个体发育》(*The Family and Individual Development*)，由伦敦 Tavistock 出版社 1965 年出版。

关注“婴儿是人”这一事实。这是儿科心理学的共同特性。

很难找到一种方式来描述人的开始。假如有人能描述，他可能会说，他在那里收集体验、整理体验，感受情感并能区分各种情感，在适当时刻忧虑并开始组织防御来对抗精神痛苦。所以我会说，对婴儿以及从这一点向前的时期的研究需要把心理学包括在内（参见第5章）。

你一定对正在进行的通过直接观察来研究婴儿的各种尝试非常熟悉。这里我只需要查阅在最近出版的《婴儿行为的决定因素》(*Determinants of Infant Behavior*)（第2卷）[4]这本书末尾的书目就可以了。我不想具体论述这一类的著作。可能有人会问：为什么不呢？因为对于那些以躯体生理学为主线的人（这里就有许多）而言，直接观察是非常有意义的。但我还是愿意花几分钟时间，将我作为儿童精神分析师和儿童精神病医生的一点点经验尽量传授给你们。很早以前，在我离开以躯体研究为主的儿科学实践工作之前，我就意识到了这一点。

精神分析如何能给新生儿的心理学带来曙光呢？很显然，关于母亲或父亲的精神病性怪癖，我们在这里可以说一大堆；但是为了让问题容易处理，我必须假定父母的一些健康状况并聚焦于研究婴儿，而且我还要假定婴儿的身体健康状况。

精神分析一开始是通过提供情绪发展理论（唯一的理论）来发挥作用的。但是，婴儿期的事情仅仅见于早期精神分析、梦的象征、身心症状学的素材和运用想象力的游戏中。渐渐地，

[4] Ciba基金，伦敦Tavistock出版社1961年出版。

精神分析在时间上往回延伸，甚至应用到更年幼的儿童中，比如说两岁半的儿童。此时，还是没有得到我们所需要的东西，因为两岁半的小孩跟婴儿期已经有了惊人的差异，除非他们有病而且发育不健全。

我认为精神分析中最重要的发展是把分析师的工作扩展到包括对精神病患者的研究上。可以看到精神神经症把分析师带到患者的童年，精神分裂症把分析师带到患者的婴儿期——生命最开始的阶段，一个几乎是绝对依赖（dependence）的阶段。简而言之，在这些病例中，在他们不成熟且依赖的自我获得组织防御能力之前的一个阶段里，他们已经体验到了促进性环境的失败。

在这个领域继续深入下去，对于用这种方式研究婴儿心理学的研究者来说，理想的患者是边缘性精神分裂症患者，即一个具有足够的功能性人格、能够来接受分析的患者，而且即使人格中有病得很严重的部分需要得到改善，这项令人厌烦的工作也必须要进行。我能做的无非是让你们了解这种方法：一个严重退行的、处在平稳进行的分析治疗中的患者能够丰富我们对婴儿的理解。实际上，婴儿可能躺在沙发上、地板上，或在别的什么地方。在这个时空里，依赖充分呈现，分析师的辅助性自我功能相当活跃，对婴儿的观察非常直接，除了患者是一位成人，自然具有一定的掩饰度。我们应考虑到这种可能会扭曲我们的观察的伪饰。

我想举两个例子来谈谈我对“扭曲”（distortions）的理解。第一个例子是一个 4 岁的精神分裂症男孩。他由父母照顾，父母给予他非常特别的关注。当时他病得不是很严重，而且正在逐步康复。在我的治疗室里，他玩着再次出生的游戏。他坐在母亲的膝部，将母亲的腿向外拉直，并沿着她的腿一直往下滑到地上；这个游戏，他反复地做了一遍又一遍。这起源于与母亲特殊关系的一种很特别的游戏，我们从中了解到此时的母亲变成了一个病孩子的心理护士，而不是一个母亲。这个游戏涉及象征手法，它将所有普通的、正常的人们喜欢做的事情结合了起来，它还结合了梦里出现的出生方式。但这是这个男孩对于出生的直接记忆吗？实际上不是，因为他是剖宫产出生的。在此，我想明确的一点是，任何想了解患者过去的尝试，必须在治疗实践中不断得到修正，我了解这点，并且我认为象征手法仍然是有用的。

这里的第二个例子是一位“记得”自己出生的、歇斯底里的妇女。她一直极其详细地记得自己的出生，而且她还有关于出生焦虑的梦。在梦里，医生来了，医生穿着大衣，戴着一顶高帽子，他还带了个包，并且她记得医生对她母亲说的话。当然，这是一个典型的歇斯底里的扭曲，尽管不排除这种可能性：这位妇女确实在讲述实际的出生记忆。这一类型的梦的材料是不能用于这种讨论的，因为作为成年人，她是了解出生过程的，而且她有一大堆弟弟妹妹呢。

相比之下，我能提供一个画面：一个 2 岁小孩扮演着正在出生的、她的新生婴儿妹妹的角色。她正设法跟这个小妹妹形成一个新的关系。有一件我们不得不做的特殊事情。她进来，而且她知道她要什么，她让我坐在地板上的一堆玩具中间，我只好成为“她自己”。然后她出去把父亲从候诊室带进来，坐在父亲的大腿上，现在她就变成正在出生的小婴儿了。她在父亲的大腿上跳来跳去，然后经过他的腿趴到地上，她说：“我是小宝宝！”她观察着我，因为我有一个特殊作用，即我在扮演她的角色，她或多或少告诉了我我该做什么，而我只好非常生气并敲打着玩具说“我不想要一个小妹妹”，还有其他这一类的事，这个过程不得不进行了一次又一次。你看，对这个小女孩来说，通过把头往下钻来扮演出生过程是多么容易，她这么做大约有十遍，直到父亲实在不能再忍受了，她才开始从他的头顶被“生”出来；当然父亲并不怎么介意，因为他是个教授而且头脑相当聪明。

现在我们来谈谈 Moro 反射。我想你们都熟悉，不需要我再描述当婴儿的头下沉了一点点时，婴儿是如何用一种可预见的方式作出反应的。这就是我所指的**“不够好的哺育”**（not good enough mothering）的一个细节，只会出现在科学研究中。母亲是**绝不会**对自己的婴儿做这些的。我的意思是说，医生之所以在对新生儿做这一类检查时，没有被一巴掌扇在脸上，只是因为他们是医生而已，母亲们是怕医生的。当然，一次 Moro 反射不会扰乱婴儿的心智，但是如果母亲只是对 Moro 反射的知识了解了点皮毛，将婴儿举起，再将婴儿的头放下，每二十分钟左右就做一次，以此来观察会发生什么，那么我们可以说这个婴儿没有一个足够好的母亲。所以说这是一个母亲根本不会对自己的婴儿做的事。母亲可能找不到词语来描述她对婴儿的感受，但是当母亲把婴儿举起来时，一般她会把他（她）抱得紧紧的。

现在，我想来回顾一下对一位妇女进行的分析性治疗。这位妇女需要深度的持久的退行，直到依赖。她的治疗持续了很多年。它提供给我一个独特的机会来观察婴儿期，即成年人的婴儿期表现。一个正在被测试 Moro 反射的婴儿不能讲述到底发生了什么。另一方面，当这位妇女从每个阶段的深度退行中恢复过来，她就成为一个具有知识和伪饰的成年人。她是可以讲话的，但是我们得考虑到，她不仅是个婴儿，而且还是个有教养的成人。

在这位妇女退行到情绪发展的极早阶段时，存在一个关于自体的极其简单的概念。实际上，如果有足够好的母亲般的呵护，仅需要这个自体观念的初始萌芽即可，不然的话，就什么也没有。糟糕的抱持（或者引出 Moro 反射的环境缺陷）将一个过早的意识强加给婴儿，婴儿无法承担。如果这个婴儿能够讲话，他或者她会说："我在这里，享受着存在的连续性。我的自体到底是什么样的，我也不知道，也许它就是个圆。"（在此我插一句：这就比如复活节那天在公园卖气球的人们给气球做上耳朵、鼻子等各种造型，或者在上面写字，或者做诸如此类的事情，但是他们忘记了孩子们想要的其实只是一个简单的、能向上飘的球。）"我自体的图像可能本来是个圆。"（这是婴儿在讲）"突然，两件可怕的事发生了；我继续存在的连续性被中断，而它是我此刻在人格整合中所拥有的一切。它被中断是因为我正不得不分成两个部分，一个是身体，一个是头。我突然之间被迫去重新描画我的自体，那是两个毫无关联的圆中的一个，而不是在这件糟糕的事情发生之前我自己都不了解的原来的那个圆。”这个婴儿在设法描述人格分裂，还有因为头部坠落而产生的过早的意识。

事实是这个婴儿正遭受心灵的痛楚，精神分裂症正是将这种痛楚作为记忆和威胁到处传递，而且正是这种痛楚使自杀成为生活的一种明智抉择。

我继续讲完我的女患者的故事。你们可能会诧异是什么驱动力促使我的患者退行到依赖呢，而这也正是我想先回答的。在所谓的“边缘性”个案中，有一种朝向进步的驱动力在情绪发展中被耽搁了。患者没有办法记住早先的体验，除非再次体验它们。这些体验在当时过于痛苦，因为它们是在自我还未组织好以及母亲般呵护的辅助性自我有缺陷的时候发生的，再体验需要在一种被仔细准备和检验过的环境下进行，比如由分析师提供的场景。并且，分析师需要亲自待在那里，这样，当一切进展顺利时，患者可以有一个用来憎恨的人。因为最初始的促进性环境的失败扭曲了成熟过程，患者需要有一个人来恨。

在这个患者的特殊个案里，婴儿期的很多细节出现了，而且这些都能跟她一起进行讨论。我在实践中跟这个特殊的患者在一起做了一件极其罕见的事：在某一刻，我发现自己跟她一起坐在长沙发上，她的头搁在我手上。如此实在的接触在分析工作中是罕见的，而我做了这件非常淘气的事情，这根本不属于精神分析。我试验过如果只是让她的头坠下会怎样，并看看她的 Moro 反射是否会显示。当然我心里知道会发生什么。患者遭受着巨大的精神痛苦。这是因为她的存在被分裂成两部分，我们在此深入探讨，最终找到这个巨大精神痛苦的心理学意义。她终于能让我知道她的婴儿自体发生过什么。她告诉我，在那一刻，那个圆变成了两个，而这种体验是人格分裂的一个样本，这一分裂是由促进性环境的特殊失败、自我增益（ego-augmentation）的失败造成的。

我有机会做这种试验是很难得的，因为作为治疗师，我的工作应该避免这些会引起不可忍受的精神痛苦的极端错误和惨败。我不可能把患者作为祭品供奉在科学的祭坛上。但是糟糕的是，我还是犯了这个只有人才会犯的错误，于是才有了这样一个试验，当然我们尽了最大的努力来善后。可以说，在这个例子里，我故意做了一个试验。

从这一细节中能看出 Moro 反射到底是不是依靠反射弧而存在。我只是说它不需要。不需要有神经学基础，或者，反应可能既是神经生理学的，同时也是心理学的。一种情况可能转变成另一种情况。我要说的是，假如一个人想要完整地描述 Moro 反射，不考虑心理学是不安全的。

这些非常原始的巨大痛楚中包括总是摔倒、各种形式的崩溃，以及将精神和躯体分离开的情况。这是显而易见的，因为这些内容涉及情绪发展中的前进趋势，假如有足够好的哺育，这种趋势——婴儿情绪发展中的前进趋势就会发生。同时，如果患精神分裂症，就有后退的趋势。精神分裂症具有一个驱动力，用来和那些毁掉极早期前进趋势的极端过程取得联系，这涉及新生儿期。这种看待精神分裂症的方式既有助于理解精神分裂症，也有助于理解婴儿。

关于出生记忆，以及出生经验对婴儿意味着什么，这方面的课题有大量的工作要去做。在本书里我没有篇幅展开这一主题。我给大家提供一个精神分裂症女孩的梦，这个女孩的出生过程比较困难。不过在这么做之前，我必须假定一个正常出生——即心理学意义上的正常出生，在这个正常出生里心理创伤是最小的。在一个正常出生里，从婴儿的角度来看，是婴儿自己带来了出生，因为他或她为出生做好了准备；并且通过蠕动或者因为对呼吸或某物的需要，婴儿为出生做出了努力。这样从婴儿的角度看来，出生是“由婴儿带来”的某件事情。我认为这不仅很正常，而且很普遍。这些恰当事件出现在我们的分析性治疗中，但并不像在象征手法、想象性虚构和游戏中出现得那么多。正是发生了有问题的事情，才有了治疗，其中一个问题是无止境的拖延，因为对婴儿来说，没有理由要期盼一个结果。

现在我回到那位患精神分裂症的女孩，我同她一起工作了2500个小时。她智商特别高——我认为大约有180。她在治疗中问我，我是否有能力让她为一个正确而非错误的理由自杀。在这点上我失败了。当她有这个梦时，她正处在这样一个时刻：她带着一个非常聪明、成熟的妇女的全部曲解在重新体验着出生。她有一个高度神经质的母亲，有证据表明，如果有这么一回事的话（我相信是有这么一回事的），就应该是在她出生的前几天，因为母亲遭受了重度休克，她的意识被提前唤醒了。而后，因为未及早发现有前置胎盘，出生过程变得非常困难。这个女孩毫无准备地开始生活，因此她从未和生活合拍。

她围绕所有这些影响做出了她的尝试，她向我借走了Rank著的《出生创伤》（*Trauma of Birth*）的复印本。你看，这是又一个难题。这些难题都不得不纳入我正汇报的这份工作中，并且需要被考虑到。在她阅读这本书后的夜晚，她做了个梦，她觉得这个梦非常重要，而且我想你们也会这么认为的。对分析师而言，这样的梦就像是日常生活中的面包。如果你已习惯做梦，你会看到它所暗含的意思：她信任我——分析师——作为正在抱持着她的人，也就是处理她的病案并对她进行分析的人。这个梦也刻画出她持久的偏执状态、她的弱点、她的基本经验缺失，她已经组织了所有可能的防御来对抗她的基本经验缺失。这里分析师会注意到这个事实，即这个梦由很多因素决定，它们不可能在出生那天就存在。尽管如此，我还是要给你们提供一个说明。这里是她对于刚刚被生出来的想法：她梦见她在一堆砾石下面。她的整个身体表面极度敏感，敏感程度难以想象。她的皮肤被烧伤了，那是她表明身体极度敏感和脆弱的方式。她全身到处都被烧伤。她知道，如果这时有任何一个人过来并对她**做任何事情**，这种痛苦都是无法忍受的，不管是生理上还是精神上。假如有人过来将砾石拿走，并且为了治疗她而做一些事情，她了解这种危险，并且这种情境是她无法忍受的。她强调说，除此之外，就是无法忍受的感受，类似于那些企图自杀时的感受。（她试图自杀过两次，后来她真正实施了自杀。）她说："你无法再忍受这一切了，拥有一个完整身体的尊严，经历过太多的心灵感受。这就是它的全部，但是工作的完整性使这一切变得不可能。能不能就让我一个人待着，能不能别靠近我？"然而在梦里发生的是，有人过来把油泼在砾石上。油穿过砾石到达她的皮肤，盖住了她。而后她就那样待了三个星期，没有任何外界的干扰，在这三个星期结束时就可以没有任何痛苦地移开砾石。不过，在她双乳间有一小块受伤的皮肤。“这是油还没有触及的一个三角区域——从上面长出一个有点类似阴茎或者绳索的东西。这一点不得不被注意，不过这疼痛是很轻微的，完全可以忍受。这不算什么，有人刚好把它拿掉了。”

我想，从这个梦里你们能够理解刚被生出来的感觉可能会是什么样。这不属于我所说的正常出生，因为在出生过程中由于拖延而产生了过早的意识。

我知道一些人会觉得这一方法不可信。然而我想请你们关注这种你们可能没有听说过但正在进行的工作，因为它属于一个性质不同的学科。把精神分裂症看作是最早期婴儿成熟过程受损的理论，给精神科医生带来很多启示；我相信，关于婴儿和他们的母亲们，这个理论也会给儿科医生、神经科医生和心理学家们带来启示。

［1964］

5

个体的开始

在 1966 年 12 月 3 日写给《时代周刊》(*The Times*)的一封信中，Fisher 博士[1]再次将这个问题拿出来讨论：个体开始于什么时候？他当然也谈到了罗马天主教认为堕胎是谋杀的观点。这封信的主要内容是明确出生的那个时刻是比较明显的个体开始的时间。这是一个可以和许多人分享的观点，但它似乎需要对各种不同发展阶段分别进行陈述，这些内容可能会在下面的讨论中用到。

现在就有一个会用到上面观点的陈述，而且在应用的范围内还会被扩展。看上去，在应用涉及所有生理和心理现象相关内容的观点时，我们还需要接纳某种程度的经济需求。

1. “被构想”(conceived of)：孩子开始于他们被构想的时候。这些构想出现在许多孩子两岁以后任一年龄阶段的游戏中。它为梦和许多日常活动提供素材。在婚后的某一个时刻，夫妻会产生关于生个孩子的构想。当然，只是想想并不会制造出他

[1] Canterbury 大主教。

们。对此，有个悲惨的例子，就是Charles Lamb在《伊利亚散文集》（Essays of Elia）中写到的“梦孩”（Dream Child）。

2．怀孕：这是个生理事实。怀孕取决于卵子的受精以及受精卵在子宫内膜的着床。除了在神话故事中，从来没听说过单性生殖的情况。在罕见情况下，怀孕会发生在子宫外的腹膜腔内。怀孕心理可以被认为是这样或那样的一种心理，即对生孩子的构想确实变成了怀孕，否则怀孕就是一个意外。可能我们应该将“**正常的**”（normal）这个词与“孩子是一个小意外”这个想法联系起来，过于强调怀上孩子与任何有意识的愿望相关这一观点，可能令人伤感。关于“怀孕是个小意外”的理论的确有许多需要陈述的内容。父母首先是吃惊，而后甚至很恼火，因为这个事实会极大地破坏他们的生活。它是个灾难，只有当父母迅速或缓慢地开始接受这个观念，即接纳这确实是他们所需要的灾难时，它才会转向有利的方向。

3．作为器官的大脑：下一个阶段必定是个不确定的阶段，它可能被分为两个亚阶段。找到这个确切的时期是符合逻辑的，因为在这个时间段内如果母亲患德国麻疹是非常危险的；换句话说，这个时期为怀孕的2～3个月。这时变化开始，生长非常迅速，大脑形成。在大脑形成之前将儿童看成是一个人，和大脑在解剖学上形成之后再将儿童看成是一个人，这是完全不同的两码事。当然，有些人认为生命开始于卵子受精的时刻，无论卵子是否以合适的方式着床。前面的争论对偏执于这种观点的人毫无影响。对这一阶段的思考带来一场关于生下来没有脑的孩子到底是不是一个人的讨论。关于具有不同心理缺陷水平的儿童的状况，有着无限的争论空间，这种缺陷建立在儿童个体的大脑发展不完善的基础之上。在实践中，我们并不怀疑一些发育迟缓的儿童是人。但是我们发现，为了弄清儿童发育迟缓的程度，我们会对发育迟缓进行分类，这种分类会将这些儿童划分在人之外。对发育迟缓分类的界定进行讨论或对儿童进行相关评定时，都必定会引起强烈的情绪。

4．胎动：在阶段 3 和阶段 5 之间存在一个这样的事实，即胎儿是“活着的，并且在不停地踢着”。这一点对于父母很重要，然而，却不是现有系列的一部分，因为它不是恒定不变的。伴随着脑组织发育缺陷的程度不同，它的出现也变化无常。

5．生存能力：在某个阶段，尚未出生的婴儿被认为是有生存能力的。所以从某种意义上说，早产儿也有存活机会。而早产儿是否能存活很大程度上依赖于照料者所提供的环境。有的婴儿在胎龄 6 个月时出生，在细心的医疗和护理照顾下，他们也可以提前达到他们正常出生时的标准。有许多关于早产儿成长过程的研究，但是这些研究的目的都是要证明如果一个胎龄 6 个月出生的婴儿可以被养育得很健康，那么理论上的生存能力就在 6 个月已具备。于是在关于个体开端的讨论中，许多人都认为这看起来必定是一个重要的阶段。

6．心理变得有意义：健康人类的发育过程包括解剖和生理的发育，而从发育过程中的某个阶段开始增加了我们描述为心理发育的这样一个变化。大脑作为器官使下面这些成为可能：记住经验，积累资料，开始整理现象并进行分类。婴儿在心理上有能力容纳这样的观念，即某些东西可以被期望，但期望不会全部实现。在这一意义上，像**挫折**这样的词开始具有意义。以这种描述性记录为基础，可以看到用来证实个体在出生之前就存在的证据。在所有讨论中，这一领域都必然存在争议。但精神分析师能够比其他任何一类细心的观察者更容易地发现自己处在这一状态中：从临床经验中确定，个体的心理生活同出生时间没有确切的对应关系。最容易发现这个问题的方法是将早产儿和过期产儿进行对照。精神分析师被迫得出这样的结论：在心理学意义上的准时出生是怀孕足月的时刻，这时在生理学上也可以说孩子离开子宫的时候到来了。甚至我们有可能确切地阐述对正常出生的看法，即从婴儿的观点出发，出生发生在恰当的时间，这时到达了具有心灵组织的程度，这时婴儿能感觉到整个过程很自然。尽管以上论述为这一难题的思考提供了线索，但是，在这里将各种各样的出生创伤考虑进来还是太复杂。在早产儿与过期产儿之间能够观察到巨大的心理学差异，利用这一点，理解就更容易了。简而言之，早产儿会发现保育箱是个很自然的环境；而对于过期产儿来说，或许是含着拇指出生的，而且已经受过挫折，保育箱的存在就不太合适了。这个主题可以充分扩展，而主要结论是，Fisher 博士关于个体开始于出生的评论原来是需要详尽阐述的。

7．出生：这是由 Fisher 博士在他的书信中所挑选的时刻，或许这个时刻更多涉及母亲或双亲的变化而不是婴儿的变化。从生理学上看，众所周知，由出生带来的变化是巨大的，但如果认为同个体开端一样，某个重大的事情是确切地和出生过程连在一起的，这就没必要了。在这种讨论中，或许必须要抛开这个观念。支持把出生过程包括进来是父母态度上的巨大变化。婴儿可能一生下来是个死胎，或可能会是个怪物，但不管怎样，这时的婴儿被全世界的人认可为一个个体。

8．我-非我：从这一刻开始，个体在生理上可以自己照顾自己。它包括决定个体成熟倾向的遗传因素，而且可能会也可能不会受到接着发生的生理疾病过程的影响。例如，即使脑炎会导致人格成长的扭曲，孩子也是一个个体，这毋庸置疑。因此，此刻的讨论是在心理学的领域，而心理学有两种。学院派心理学，如同它的称谓一样，与身体现象有关。与此相关的心理学关系到情绪因素、人格的形成，以及从绝对依赖开始经过相对依赖朝向独立发展的、逐步分级的过程。此学派看重环境供应，因此如果不将关于婴幼儿照料的描述涵盖进来，就不可能描述一个婴幼儿，这种照料是逐渐同个体分离开的。换句话说，这一成熟过程由婴儿照料者用一种极复杂的方式促成，它包括儿童对“什么是非我”的批判以及对“什么是我”的确立。如果婴儿能讲话，当他或她会说“**我是**”的时候，一个新的时期到来了。到了这个阶段，为了牢固确立这个时期，他们不得不更多地取得进步，这些进步起初与更早阶段重建的联系交替发生，在这个更早阶段中一切都混合在一起，或其中各种各样的成分没有适当地相互分开。在每个孩子的生活中都有一个确切的时刻，尽管就一个固定的时间来定义的话，这个时刻可能是弥散的。在这个时刻，孩子意识到了他或她自己的存在，并具有了某种不在观察者心灵而是在孩子心灵中的、确定的同一性。这也许是一个选择讨论个体开始的好时刻，但在任何一个宗教实践的讨论中，这自然已经太晚了。

9．客观性：伴随着个体成长过程中的这些改变，儿童个体逐渐有能力接纳这样一个事实，即无论内部心理现实通过对环境的知觉得到怎样的充实，它仍然是个人化的。不过，这里有一个环境对儿童来说是外部的，即所谓的现实世界。这两个极端之间的差异在母亲、父亲、家庭以及那些照料婴幼儿的人所做的协调之下得以化解，但孩子最终会接受现实原则，并从中获益匪浅。所有这些事情都是有关成长的问题，它们不一定出现在每一个可能有过混乱环境供应的儿童个案中。此时又是一个新的阶段，达到这个阶段有助于明确回答下面这个问题：儿童还是一个个体吗？

10．道德准则：与这些现象交织在一起的是个人道德准则的发展，一个与宗教老师有很大关联的问题。有两个极端：一个极端是不能冒险，必须从一开始就给婴儿树立道德准则；另一个极端是甘冒一切风险，好让个体能够发展个人化的道德准则。对孩子的养育就处在这两极之间的某处。但对社会、对宗教争论者来说，关于个体开始的理论必须考虑这一时间点，即孩子感觉到应该对自己的想法和行动负有责任。

11．游戏与文化体验：环境影响与先天遗传的成熟过程互相交织，如果能确立一个中间区域，那会是令人满意的结果，这个中间地带在个体的生活中极为重要。它从仅仅属于幼小儿童的那种充满热情的游戏开始，且能发展到无限丰富的文化生活中。然而，这些东西属于健康范畴，而且它们不能被假设成是事实。就它们存在于儿童个体的个案中来说，它们甚至可以被说成是那个个体至关重要的部分。

12．个人化的心理现实：个体根据其体验以及贮存体验的能力发展出一种相信或选择信任什么的能力。根据当前的文化条件，儿童会受到指引去相信这个或那个或其他，其基础就是这种能力，它以对事实和梦想累积起来的经验为根据。尽管这些内容在对个体的描述中至关重要，但将它们纳入关于“个体从哪里开始”的讨论中就已经够精细了吗？然而，我们可以假定那些对个体开始感兴趣的人，同时也会关注个体在人类发展中将会到达何处。

［1966］

6

婴儿期的环境健康

当我们思考婴儿期的某些特定问题时，每个人[①]都会以自己独特的方式来谈论他们在婴儿成长和心理发展中照料婴儿的经验，包括照料那些由于身体有问题以致心理发展被扭曲了的婴儿的经验。在这里我所要讨论的婴儿照料中的困难并非那些由于身体疾病导致的困难。为了突出我的主题，我在这里讨论的婴儿是假定没有身体方面问题的婴儿。我想你们不会介意我关注的并非婴儿身体方面的照料，因为你们一直在实践那些事情，而且我认为你们对身体疾病范畴之外的东西也感兴趣。

正如你们所了解的，我最初是一名儿科医生，后来才逐渐成为小儿精神科医生和精神分析师。我原先是一名具有生理学头脑的医生，这对我后来的工作影响极大。我有着 45 年的临床工作经验，这 45 年里我积极实践，积累了相当多的资料。现在，我主要的工作是阐述作为人类个体的高度复杂的情绪发展理论，除了这项工作，我不知道我做别的是否可以做得更好。不管怎

[①]温尼科特在皇家医学会儿科分会的演讲。

样，就我自己而言，我希望在这里传递给大家一些我在这 45 年里所积累的感受。

医生和护士在生理学方面的培训无疑消退了他们把婴儿作为人的兴趣，这一点的确很奇怪。当我自己开始做精神分析师的时候，我意识到自己的无能，我的意思是我不能运用我对儿童包括婴儿的天然的共情能力。我很清楚地意识到这是个缺陷，而当我渐渐能感受到自己进入到婴儿 - 母亲或者婴儿 - 父母关系中的时候，我感到欣慰极了。我认为很多接受过生理学方面训练的人都会遇到我曾经碰到的同类障碍，他们得对自己做大量工作，才能够站在婴儿的“鞋子里”（stand in the baby’s shoes）。我知道这是个相当有趣的修辞，因为婴儿出生时是没有穿鞋的，但我想我的意思你们懂的。

作为一名儿科医生，了解婴儿生命开始时的相关事宜是很重要的，因为只有了解父母的重要功能，才能和父母们进行有效的交流。生病了，医生才会出现，但不管孩子生不生病，父母对孩子而言都是非常重要的。当父母请来的医生对孩子是否患有肺炎信心满满，却对父母平时为适应婴儿需要所做的一切努力视而不见时，对父母而言，这无疑是非常可怕的。例如，婴儿喂养困难大多与感染或奶水的品质好不好无关，更多的是与母亲能不能适应新生婴儿的需要有关。难就难在没有两个一模一样的孩子，也不会有两个母亲是一模一样的，即使是同一个母亲，对每个孩子也不会一直采用一模一样的相处模式，而母亲一定要亲自来和自己的每个孩子相处。从书本或者医生和护士那里母亲学不到她该怎么做。也许她可以从以下的途径中学到一些，比如：她自己曾经是个婴儿；观察父母跟婴儿在一起相处的情形；参与过对同胞弟妹的照料；尤其是，她年幼时期“过家家”时学会了许多至关重要的东西。

许多母亲的确能从书本中获得一些有限的帮助，但是一定要记住，如果一个母亲向书本、向他人寻求建议，并试着学习她必须要做的事情，那我们要怀疑她是否适合这个工作。我认为她应该更深层次地去了解这些，而不是仅仅依靠能用语言来描述的那部分。母亲同婴儿在一起时所做的主要事情不可能通过语言来完成，这一点是显而易见的，不过，要忘记这一点也很容易。在我的长期实践中有机会结识许多医生、护士和教师，他们认为可以告诉母亲们该如何做，他们花许多时间给孩子的父母提供指导，而从我对他们进行的观察中显示：当他们变成母亲和父亲后，许多人都已经忘记了那些他们自以为知道并传授的一切。对此，我和他们一起对他们的困难进行了长时间的讨论。相当普遍的是，他们发现自身原来所拥有的“知识”在一开始就对他们干扰得很厉害，以至于他们同自己的第一个孩子相处得别扭、不自然。渐渐地，他们想方设法地要抛开这一层无用的、同词语缠结在一起的知识，开始专心致志地关爱这个婴儿。

抱持和应对

随着婴儿的成长，婴儿的世界也变得更复杂，这时，如果我们把“抱持”这个术语的含义加以延伸，婴儿的照料就可以用

“抱持”来描述。这个术语最终能有效地包含家庭单元的功能，而且如果用一种更加复杂巧妙的方式，这个术语也可以用来描述个案工作，这也可以在护理专业里实践。

然而在开始，正是身体的抱持提供了心理发展的可能。抱持可能是好的，也可能是坏的。好的抱持和应对促进心理成熟的过程，而坏的抱持意味着适应失败。如果失败了，婴儿的成熟过程会反复多次被打断。

促进（facilitation）在本文中的意思是对基本需要的适应，这是只有人类才可以做到的事情。对早产儿来说，一个恒温箱足矣，而正常出生的成熟婴儿却需要人来照料，虽然站在母亲的角度，童床或婴儿车都是有价值的。人类的母亲可以满足婴儿早期的需要，是因为眼下她对别的事情毫无兴趣。

幸运的是，大多数婴儿在多数时间都能得到很好的抱持。这样他们对友好的世界发展出了自信，但更重要的是，因为被抱持得足够好，他们能在极快速的情绪发展中取得成功。如果婴儿被抱持得足够好，人格基础就能得到很好的铺设。婴儿不会记得他们被抱持得很好的时候——他们记得的是在没有被抱持得足够好时产生的创伤体验。

母亲们知道这些事情，而且她们将这一切视为理所当然。当某个人，也许是医生，在她们眼皮底下研究 Moro 反射，而未能保护她们的婴儿免于身体损伤的时候，她们会感受到躯体上的疼痛。

损伤（insult）这个词传达的是坏的抱持对婴儿产生的影响，而且可以说绝大多数婴儿在最早的几周或几个月里是没有损伤的。所发生的损伤常常是拜医生和护士所赐，他们在那样的时刻恰好没有像母亲那样适应婴儿的基本需要，而且，恐怕这是真的。

可以肯定，这些损伤确实是个问题。在对年长儿童和成年人的研究中，我们发现这些损伤意味着一种不安全感，同时也意味着，对损伤的反应使儿童的连续性变成了碎片，发展过程因而被耽搁了。

客体关联

谈及母乳还是人工喂养的时候，作为儿科医生的你可能会利用你的生化知识从生理学方面来思考。而我想提醒你注意这样一个事实：当母亲和婴儿在喂养情境中相互妥协的时候，这其实是一个人类关系的开始。这为儿童与客体和世界发生关联的能力树立了典范。

长期的经验使我认识到：与客体发生关联的模式在婴儿期就被塑造了，这与婴儿最早期发生的事情都有关。只从反射的方面来思考，真的是太简单化了。医生和护士永远都不该掉进这个陷阱里而自以为是，也就是说，不能因为反射是个事实，就认为它们就是所有的故事。

婴儿的确不成熟，他们高度依赖，但是我想说的是，他们同时也是具有经验并储存经验的个体。在婴儿护理的最早期所涉及的一切，都具有重大的实践意义。那些被母亲们高度依赖的医护人员如果能够接受“只有母亲才会真正完成母乳喂养的任务”这个事实，那么真的会有很高比例的母亲都可以进行母乳喂养。母亲可能会碰到麻烦，但她可以通过在其他方面获得支持而得到帮助，她不可能被教会。

母亲在直觉上知道一些非常细微的事情，而不是通过理性判断，并且只有当她独自留下来面对婴儿，且在这个有限的领域被赋予充分责任时，她才能做得到。例如，她知道**喂养的基础并不是喂养**。

当一个被激怒的护士将母亲的乳头或者奶瓶的奶嘴塞进婴儿嘴里并启动一个反射的时候，这是一种侮辱，或者我可以说这简直就是一种强奸。没有哪个母亲自己会这样做。

在开始寻找之前，许多婴儿需要一段时间，而当他们找到一个客体的时候，他们也未必马上就想要吃一顿。他们想用手或嘴来玩一会儿，也许他们想用牙床紧紧咬住。情形千变万化，因母亲和婴儿的不同而异。

这不仅仅是喂养的开始，也是客体关联的开始。这一崭新个体与现实世界的全部关系一定是基于事情开始的方式以及按照经验逐渐发展起来的模式，这些经验来源于母亲与婴儿的关系。

这又是一个宏大的主题，一个甚至涉及哲学的主题。这是个悖论，而我们不得不接受：婴儿所创造的早已存在，它是母亲的一部分，只是这部分现在被发现了。

问题是如果母亲不是处在一个特殊状态的话，这部分就不可能被发现。那么这种特殊状态是什么？什么样的母亲是处在这种特殊状态的母亲呢？这种特殊状态就是母亲能够让自己在恰当的时刻和恰当的地点或多或少地被婴儿所发现。母亲们能用恰当的方式在恰当的时间和地点出现，这很重要。这称为对需要的适应，使婴儿能够创造性地去发现世界。

如果在这些有关护理的问题上我们没什么可以教母亲们的，那么作为医务人员我们到底能做些什么呢？作为医务人员，我们要做的是**避免干涉**（avoid interfering）。这真的很简单。我们要知道我们的专长是什么，而且要知道母亲恰好需要用什么方式进行医疗和护理照料。了解了这些，我们可以很容易地将母亲们能单独做的事情交给她们去做。

治疗年长儿童和成人时，我们发现，有许多我们不得不处理的人格障碍其实本来是可以避免的，而这些障碍常常是因为医生和护士或者错误的医疗观念所导致的。我们一再地发现，假如医务人员或一些帮助者不曾干涉过这些属于母婴关系的、极其微妙的自然过程，发展的障碍或许就不会发生。

自然，随着婴儿长大，生活也会变得越来越复杂。母亲在适应上的失败本身是一种对孩子成长的适应，孩子的成长需要对挫折作出反应，需要生气，需要带着批判的眼光来玩耍，这样接纳就变得越来越有意义和激动人心。总体而言，母亲们和父亲们与每一个孩子以一种精妙的模式共同成长。

很快，婴儿就变成了一个容易被识别为人的人，而实际上，婴儿从出生起就是个人了。对于这一点，我们所有人认识得越早越好。

下面我来谈谈管理的第三个领域。

对排泄的管理

起初，婴儿的关注点在于摄入。这包括客体的发现，借助视觉和嗅觉进行客体的识别，以及逐步开始建立客体恒常性，我这样说的意思是客体在本质上获得了意义，而不单单是作为一类中的一个或者作为能带来满足的东西。

随着与发展着的大脑组织相一致的情绪发育、发展和成熟过程，婴儿越来越能用更广阔的视角来看待消化和喂养过程。我们可以说婴儿在最初几周和几个月里对摄入已经懂得很多，与此同时，他们也排泄着大便和小便。摄入由各种各样的外部必然活动完成，这些活动对作为人的婴儿来说可能已经没什么意义了。

婴儿六七个月大的时候，就能将排泄与摄入联系起来了。在意识上快速成长的婴儿发展出对内脏的兴趣，内脏是存在于口和肛门之间的区域。对心灵来说这同样是真的，结果婴儿在心身两方面都成为容器。

从现在开始有两种排泄。一种被感受为有害的，我们用**坏的**（bad）这个词加以表达，婴儿需要母亲处理它。另一种被感受为**好的**（good），可以成为一个在爱的时刻要赠送的礼物的素材。除了这些功能方面的感受之外，在心灵和精神方面也进行着相应的发展。

当父母让婴儿找到自己的方式，成为所谓“干净的”或者“干燥的”婴儿时，为什么医生和护士不该去干涉呢？是因为每个婴儿都需要时间来确定好东西和坏东西之间的区别，需要时间来获得自己可以恰当地处理需要处理的东西的信心。

母亲用高度敏感的方式了解到婴儿对这些东西的感受，因为她暂时与这些东西保持协调。她帮助婴儿消除尖叫、号叫和蹬踹以及排泄物，在这些都准备好的时刻，她乐意接受这些爱的礼物。她用这种方式看到婴儿的潜力：婴儿在那一刻具有潜力，而且是在精确的发展阶段，婴儿在那一刻碰巧处在这个阶段。

婴儿与母亲之间所有这一切的交流非常微妙，而所谓的培训让这种交流变得更加困难，母婴之间为适当给予和有建设性的努力而构建的模式也会被这种培训扭曲。

训练大小便和使用通便栓及灌肠剂这类积极具体的干涉比严格培训的干预更糟糕。**实际上这些永远都不需要**，也不应该被热情地鼓励，我们希望那些照料孩子的人能尊重孩子的自然功能。

当然存在着不能容许自然功能当道的母亲们和扮演母亲角色的人们，但这些是例外；无论如何，我们的态度都不要以我们所观察到的那些不自然的、病态的、没有母性的内容为依据。

证明这些事情需要足够多的时间。但假如你能相信我的话，那么我想请你接受下面的观点：比精神障碍的**治疗**（这曾是我的工作）更加重要的是**预防**。这可以很快开始，即不是教育母亲们如何成为母亲，而是要让医务人员明白**一定不要干涉**那些在婴儿和母亲之间的人际关系建立中所存在的微妙机制。

7

精神分析对助产术的贡献

要记住，正是助产士的技能使患者相信她，助产士的技能是以生理现象的科学知识为基础的。没有生理学方面的基本技能，（就算）她去学习心理学，也徒劳无益，因为她并不能用心理学的领悟来替代对前置胎盘导致生产过程复杂化的理解。然而，毫无疑问，在掌握了必要的知识和技能后，如果助产士可以将患者也作为一个人来理解，则无疑会大大提升自己的价值。

精神分析的位置

精神分析是怎样进入到助产术这个主题的？首先是在对个体进行的漫长而艰苦的治疗中，它对瞬间细节的研究。精神分析正在开始为各种各样的异常状况提供线索，诸如月经过多、频繁流产、孕妇晨吐、原发性宫缩乏力等；而且，患者潜意识的情绪冲突有时确实是导致其他许多躯体状态的部分原因。我们可以看到已经有许多关于心身疾病的著作。不过，在这里，我所关注的是精神分析在另一方面的贡献：我会尽量概括地指出，精神分析理论在婴儿出生的情境中对医生、护士和患者之间关系的影响。

同二十年前的助产士相比，今天的助产士呈现的共情性态度已经有了一个很大的变化，而这正是精神分析带来的。现在这一点已经得到公认，即助产士除对患者进行必不可少的基本检查外，还会增加对患者作为一个人的评价—— 这个人是被生出来的，一度是个婴儿，曾扮演过母亲和父亲的角色，在青春期到来时害怕过发育，经历过青春期的骚动，毅然决定要结婚或者已经结了婚，有计划地或者是偶然地生下了孩子。

在医院的患者都会比较关心她自己将要回去的那个家，无论怎样，婴儿的诞生都会给她的个人生活、她与丈夫的关系，以及她和丈夫各自的父母带来改变；同时也要想到，她跟其他孩子的关系以及孩子们彼此之间的感受，可能也会面临困难。

如果我们在工作中都能变得人性化，工作就会变得更加有趣和有收获。这样，在生产的情境中，我们需要考虑四个人和四个观点。首先是母亲，她处在很特殊的、类似生病的状态中，但是这其实是正常的。其次是父亲，他在某种程度上处在一个类似的状态，而且假如他被忽略掉，结果将会非常糟糕。再次是婴儿，他（她）在出生时就已经是个人了，在婴儿看来，好的护理和糟糕的护理是完全不同的。最后是助产士，她不仅是一个技术人员，她也是人；她有感受和情绪，会兴奋和失望；也许她想成为母亲，或婴儿，或父亲，或一个个轮着做。通常她是很乐意成为助产士的，但她也有感觉挫败的时候。

基本的自然进程

我要说这样一个基本观点：在自然的过程中正在发生着一切；作为医生和护士，只要我们尊重和促进这些自然的过程，那我们的工作就算是做好了。

在助产士出现之前有数千年，母亲就已经有婴儿了，而且最早的助产士的作用可能是用来应付迷信的。现代破除迷信的方法是采用科学的态度，因为科学建立在客观观察的基础之上。以科学为基础的培训使助产士能避开迷信的干扰进行实践。那么父亲呢？在医生和社会福利机构接待婴儿之前，父亲有一个明确的功能：他们不仅要感受到女人的感受，经历一些巨大的痛苦，而且也进入到这样一个角色中，即他要挡开外部那些不可预测的侵犯，使母亲能全神贯注、一心一意地照料在她体内或怀抱中的婴儿。

对婴儿态度的转变

对婴儿的态度已经发生了转变。我猜想，父母在这个时期自始至终已经假定了婴儿是一个人，他们看到婴儿时，看到的远远不止是一个婴儿——（而是）一个小男人或小女人。最初，科学是否认这一点的，指出婴儿恰好不是一个小的成年人。很长时间以来，客观的观察者们在婴儿开始说话之前，几乎不把婴儿看成是人。然而最近已经发现，婴儿确实是人，尽管婴儿有着恰当的幼稚。精神分析正在逐渐表明，婴儿有记忆，他们甚至连出生过程都没忘，在婴儿看来他们的出生可能是正常或异常的。（婴儿感觉到的）每一个出生过程中的细节都可能记录在婴儿的心灵中。这通常在人们从游戏里获得的乐趣中表现出来，这些游戏象征的是婴儿经历过的各式各样的现象——婴儿在母亲肚子中翻转、降生，感觉到从浸在羊水里到生活在干燥地面这样的变化，从稳定的温度转向要适应温度的改变，从由脐带获取营养到依靠个人努力摄取空气和食物。

健康的母亲

我们目前的难题是助产士该用什么样的态度面对母亲，又该如何围绕诊断问题而转变态度。（这里我所指的不是对躯体状态的诊断，那一定要留给医生和护士去做，我也不会提到躯体的异常；我关注的是在精神病学意义上的健康和不健康。）现在让我们从这个难题的正常结局开始。

站在健康角度，产科的患者不是病人，而是一个极其健康和成熟的人，一个在主要问题上完全可以自己拿主意的人，而且在心理上可能比照料她的助产士还要成熟。她因为自身的情况而恰好处在一个依赖状态。她暂时把自己托付给护士，可以这样做本身就意味着健康和成熟。在这种情况下，假如分娩很容易也很正常的话，护士应尽可能尊重母亲的独立性，甚至在整个工作中都应该如此。同样，护士受到许多母亲的完全依赖，这些（完全依赖的）母亲只有通过将一切控制权都移交给照料者，才能完成分娩的历程。

母亲、医生和护士的关系

我认为，正是因为健康的母亲心理是成熟的，所以她才不可能轻易将那些控制权移交给那些她不熟悉的医生和护士。她首先要了解医生和护士，在临近分娩时这是十分重要的事情。现在，要么她信任他们，这样即使他们犯了错，她也会原谅他们；要么她不信任他们，那样对她而言，整个经历都会被破坏：她会害怕把问题交给别人，试图自己来处理，又或者对自己的处境真的感到很恐惧，无论发生什么问题，她都会责怪他们，而不管是否真的是医护人员的失误。假如医护人员不能很好地让她了解他们，那么可能事情就会变成这样。

现在我首先提个建议：母亲、医生和护士之间要彼此相互了解，最好在妊娠期间保持连续的交流。假如这很难实现，那么最迟在预产期之前，母亲至少要和真正协助她分娩的人充分、确切地交流。

如果一个医院不让准妈妈提前知道她在分娩时谁会是她的医生和护士，那么这医院就没什么好的，哪怕它是最现代的、设备最好的、无菌的，哪怕它还是那个地区的王牌诊所。正是这类事情让母亲决定在家生宝宝，因为可以有家庭医生照看，只有在非常紧急的情况下才会利用医院资源。我个人认为，当母亲想要在家分娩时，应该在这一想法上充分支持她们；但假如母亲想要尝试在家获得理想的护理，而在分娩时刻来临时，却发现在家分娩并不可行，那就糟糕了。

应该由母亲信任的人来为母亲就分娩过程进行充分的解释，

驱散那些她可能获得的可怕而且错误的信息，这个人会有很多工作要做。恰恰是健康的女人才最需要这点，而且最好是用真正的事实向她做解释。

的确，即使是一个健康而成熟的女人，她与丈夫和家庭的关系健康，在分娩的那一刻，她还是需要技能全面而且熟练的护士！如果某些事出了问题，她需要护士在场，需要护士用正确方式在恰当时刻提供帮助。但她仍然掌握着自然的能力，如同她掌握着与摄取、消化和排泄这些新陈代谢过程一样的能力，越顺应自然，对女人和婴儿来说就越好。

我有这样一个患者：她有过两个孩子，现在我们看上去正在经历一个极其困难的治疗，她自己在治疗中不得不重新开始（成长一遍），好让她可以从她不易相处的母亲对她早期发展的影响中解放出来。我的体会是："……即便考虑到女人在情绪上是相当成熟的，但是分娩的整个过程打破了如此多的控制，以至于产妇会期待那个照料她的人能提供给她所有的照顾、体谅、鼓励和亲近，就如同孩子需要母亲帮助其度过发展中遇到的（每）一个新的巨大体验一样。"

不过，自然分娩过程有一个不能忽略的事实：婴儿有一个大得夸张的头。

不健康的母亲

在助产士照顾之下的，不光有健康而成熟的女人，还有病态的女人，即情绪不成熟或不具有女人自然角色定位的女人，或者可能是抑郁的、焦虑的、猜疑的女人，或者是整个一团糟的女人。在这种情况下，护士必须在母亲进入妊娠晚期格外难受的状态之前，去了解母亲，她需要做一个诊断。助产士当然需要成人精神疾病诊断方面的特殊培训，这样她就可以区别健康的女人和不成熟或不健康的女人，好方便她有区别地对待。可以想象，不成熟或不健康的母亲需要从负责她个案的人那里以某种特殊方式得到帮助：正常的女人需要指导，而病态的女人需要保证；病态的母亲会考验护士的忍耐力，她让自己变得无比讨厌，假如她可能发狂的话，或许她还需要被管制或约束。

当母亲和父亲的身心都很健康时，在一般情形下，助产士是被雇来给予她的雇主所需要的帮助的，这是令人满意的。当母亲在某些方面是病态的，不能完全做成年人时，助产士就要成为护士，和医生一起管理患者——她的雇主是医院服务机构。假如这种对病态的适应淹没了不是适应疾病而是适应生活的自然程序，这将是相当可怕的。

当然，许多患者是处在这两极之间的，我将这两极分开只是为了描述得更清楚。我希望强调的是，许多母亲的确是歇斯底里或大惊小怪或自我毁灭性的，但这并不是助产士们不尊重健康所应得权益的理由，也不是助产士们不能提供成熟情绪的理由；事实上，大多数母亲完全有能力胜任，除了她们必须要留给护士做的事情之外，这时就不应引导助产士们将她们所有的患者看成是“孩子气的”。健康的就是最好的；正是健康的女人——母亲、妻子（和助产士），给单纯的效率添加了丰富的意义，给那个没有小意外就算是成功的惯例添加了积极的获益。

母亲对婴儿的管理

现在我们来考虑一下：母亲分娩后，她与新生儿最早的关系的管理问题。当我们让母亲回忆并自由讲话时，我们常常会听到下面的这种评论，这究竟是怎么回事呢？（现在我引用一个同事提供的个案描述，而我本人也一次次地听到同样的故事。）

> 他出生是正常的，并且是父母想要的孩子。表面上看来他在出生之后很快就能很好地吸吮，但实际上他出生后有36小时没有接触到乳房。在那之后他很难满足，并且嗜睡，紧接着的两周喂养情况尤其糟糕。母亲觉得护士没有同情心，不让她与孩子有足够的单独接触时间。她说护士强迫将乳房放到他嘴里，托着他的下巴以便吸吮，捏着他的鼻子把他拽离乳房。但当她回家后，她感觉建立正常的母乳喂养没有任何困难。

我不知道护士是否了解母亲的埋怨。也许她从未站在一个能倾听母亲评论的角度，当然母亲不可能对着护士埋怨，因为她得到过护士很多的帮助和支持，她会觉得已经亏欠护士太多。我也不是一定认为母亲描述给我听的内容就是准确的。但是因为我们不能仅仅受束于这些事实，所以我们必须从工作中想象，就好像它本来就是那样的。我们的经验带给我们的感觉，以及这些经验和梦相互交织在一起的方式，就是被我们称作生活以及个体经验的全部。

敏感的产后状态

我们在具体的精神分析工作中，确实发现刚生产完的母亲会处在一种非常敏感的状态。有那么一两周，她都很容易相信她的身边有一个女人作为迫害者存在着。我认为，我们一定要允许助产士有相应的倾向存在，她在这个时候很可能漫不经心地变成一个支配性人物。当然，这两个角色的相遇是经常发生的：一个感觉被迫害的母亲，和一个仿佛受恐惧而不是爱的驱使而每个月都开车来上班的护士。

这种复杂情形通常通过母亲解雇护士而得以解决，尽管是一个痛苦的过程。比这更糟糕的是最终护士获胜了。也就是说，母亲退回到无望的顺从，母婴之间的关系不能自己建立。

我很难描述到底是什么巨大的力量在这一关键时刻起作用，但是我可以尝试说明正在发生的某个事情。当下正在发生的最奇妙的事情是：母亲可能在躯体上精疲力竭，也或许不能自制，依赖护士和医生以多种不同途径所给予的熟练的照护，与此同时，她能够用婴儿能理解的方式向婴儿适当地介绍这个世界。不是借助任何培训，也不是通过变得更聪明，母亲就知道该如何去做，仅仅因为她是天然的母亲。但是，假如母亲被吓坏了，或者婴儿出生时她没有看到婴儿，或者婴儿只是在被权威认为适合喂养的规定时间才被带到她面前，那么她的天然本能就不能进化。自然本能恰好不是那样起作用的。母亲的奶水并不像排泄物那样流淌；它是对刺激的反应，这个刺激是她对婴儿的所见、所闻、所感，包括婴儿的哭声，那哭声在表明婴儿的需要。所有的东西都归为一件事，就是母亲对婴儿的照料和定期喂养，这件事发展下去，就是这两个人之间的一种交流方式——仿佛是一首无字歌。

两种相反的特质

此刻，一方面母亲是一个高度依赖的人，另一方面她又是专家，是启动母乳喂养这个微妙过程的专家，也是忙乱中照顾婴儿的专家。对一些护士来说，她们很难允许母亲同时拥有这两个相反的特质，她们试图建立的喂养关系如同她们希望在直肠胀满的情况下要让大便畅通一样。她们在尝试不可能的事情。许多喂养抑制就是这样开始的；或者甚至当人工喂养最终建立起来时，这仍然是保留在婴儿那儿的一个独立事件，不能和我们所说的婴儿照料的全部过程恰当融合。我的工作之一就是坚持不懈地设法改正这个错误。在某些情况下，这个错误实际上是由护士在婴儿出生的最初几天或几周内引起的。护士不明白：尽管她在护理工作中是专家，但她的工作范围不包括让婴儿和母亲的乳房之间建立联系。

助产士也是有感情的人，她发现自己很难看着婴儿花费时间又吃不到奶还袖手旁观。她想要将乳房推到婴儿嘴中，或者将婴儿的嘴推到乳房那儿去，但最后婴儿做出的是退缩的反应。

这里还有一个比较普遍存在的现象——母亲或多或少都有一种感觉，即她的婴儿是从她自己的母亲那里偷来的。这种感觉来源于童年时她扮演母亲和父亲的游戏，以及她小时候所做过的梦。在这些情境中，父亲是她心中完美的偶像。这样她就很容易觉得，而且在某些情况下她一定会觉得，护士就是要把婴儿抢走的、复仇的母亲。护士对此不必做任何事情，她需要避免的是真正把婴儿带走——剥夺母子间的天然的那种接触——只在喂养时间将婴儿包在襁褓里抱给母亲。实际上，如果她能避免这样做，对母亲会很有帮助。这不是现代最新的实践，而是直到最近都很普遍的实践。

即使护士可以让母亲在几天或几周内很自然地做自己婴儿的照料专家，让母亲有机会恢复其现实感，在这些问题后面隐藏的梦、想象和游戏仍然存在。在某些特殊的情况（非常偶然的情况）下，护士应该预料到自己可能被看成是一个迫害性人物，即使她不是那样的，即使她是格外善解人意和百般容忍的。容忍这一事实是护士工作的一部分。最后母亲通常会恢复现实感，而且会看到护士的真面目——一个试图去理解别人的护士，她也是人，她的容忍不是没有限度的。

另外一点，如果母亲自身有些不成熟，或在她自己的早期体验中有过被剥夺的经历，那么母亲会发现自己很难放弃护士对她的照料，也很难独自一人留下来，用她自己需要被呵护的方式去照顾她的婴儿。这样，当母亲离开护士，或护士离开她的时候，失去好护士的支持可能在下一个阶段带来很现实的困难。

如我所见，在这些方面，精神分析为助产术以及一切涉及人类关系的工作，增进了个体之间以及对个体权利的尊重。即使在医疗和护理中，社会也需要技术人员，但在关系到人而不是机器的时候，技术人员就需要了解人依靠经验来生活、想象和成长的方式。

［1957］

8

儿童照料中的依赖

辨认出依赖的**事实**，这是有价值的。依赖是真实存在的。婴儿和儿童不能靠自己的力量照料自己，这一点是如此明显，以至于依赖的简单**事实**很容易被人遗忘。

据说，孩子长大的故事和这些内容有关：由绝对依赖到依赖程度减轻，再到平稳发展，并向完全独立进行探索。成熟的儿童或者成人具有一种独立性，这种独立性与各式各样的需要适当混合起来，也与爱混合在一起。在丧失带来哀伤状态时，这种爱愈加明显。

在婴儿出生之前，我们主要从生理或躯体方面去看婴儿的绝对依赖性。婴儿在子宫里最后几周的生活会影响婴儿的躯体发展，也会有一个空间来产生安全感（或不安全感），这取决于还未出生的婴儿的心灵状态。当然，在这一早期阶段，由于大脑未充分发展，这个空间仅能起到有限的作用。母亲的状态以及母亲在怀孕后期是否能将她自己献身于令人害怕、危险而通常值得承受的极大痛苦之中，也会在出生前和出生过程中影响婴儿的意识。

婴儿在他们生命的开端是高度依赖的生物，他们会受到每一件发生的事情的影响。虽然婴儿不能理解我们成人在遇到类似事件时可以理解的东西，但他们还是有经验的。某种程度上，这些经验在他们的记忆系统里累积起来，让婴儿在世界上要么生活得更有信心，要么信心不足，感觉自己犹如浮在海上的软木，是环境的玩物。如果婴儿处在极度的环境缺陷里，他们对未来会有不可预知的感觉。

我们可以用母亲适应婴儿需要的情形来描述婴儿是如何最终建立自己的可预测感的。用言语描述这个问题是相当复杂和棘手的，事实上，当母亲投身到照料婴儿中，她就能很好或者足够好地适应婴儿的需要。这不是能通过努力尝试或研究书本而做到的，大多数母亲在九个月孕期结束时，会发现自己处在这样一个特殊状态中：在这个状态里，她们就那么自然地适应了婴儿这一中心人物，而且她们还知道婴儿的感受是什么样的。

有些母亲在生第一个孩子时没有达到这一状态，有些母亲则是与以前的孩子一起达到过这个状态，而和现在这个婴儿却不能一起达到这个状态。这些事情别人无法帮忙。无人能被期待必须总是成功。当母亲不能和某个婴儿一起及时达到这一状态时，通常有人可以满足婴儿所需——这个人或许是孩子的父亲，或许是祖母，或许是阿姨。但总的来说，假如环境让母亲本人感到相当安全，而后（可能在被婴儿拒绝数分钟或者数小时后），母亲并不需要了解每件事情，她就能**知道**怎么适应婴儿的需要了。当母亲还是个婴儿时，她刚好也有这些相同的需要。

她不记得这些了，但这些经验从来都不曾被遗忘，而且，通过高度敏感的、使母亲能适应真实需要的个人化的理解，母亲满足了新生儿的依赖。

理论知识并不是必需的，几百万年来，母亲们一直愉悦地做着这些，而且令人满意。假如对某个理论的理解可以用来补充自然的东西，那当然更好，尤其是母亲需要保卫自己权利的时候（本来她做得好好的）。当然，母亲也会犯错。自愿助人者，包括那些能满足急救需要的医生和护士，也不可能像母亲那样了解婴儿的即刻需要是什么，他们也不可能像母亲那样能适应婴儿的这些需要（要知道母亲可是学习了九个月呢）。

这些需要并不只是周期性的饥饿，它们可能以任何一种可能的形式呈现。如果要我举例的话，我会说抱歉，因为我不希望大家误以为除了诗人之外，还有别的什么人也能用语言表达这样的具有无限可变性的东西。不过，下面几点可能会有助于大家了解婴儿处在依赖状态时，他们的需要看起来像什么。

首先，婴儿有躯体上的需要。婴儿可能需要被抱起，再放下来换另一边躺。或许婴儿需要更暖和点，或被包裹得少些，好让表皮呼吸渗出的水分可以蒸发掉。或者敏感的皮肤需要一个更柔软的接触，例如羊毛。或者哪里痛了，也许是绞痛，并且有那么几分钟婴儿需要被竖抱，靠着大人的肩膀。喂养当然也属于躯体需求。

在这份清单里，保护婴儿避免严重困扰是理所当然的——不要有低空飞行的飞机，不要打翻婴儿的童床，不要让太阳直射婴儿的眼睛。

其次，婴儿有一些很微妙的需要，这些需要只可能借助人类交往得到满足。婴儿或许需要参与母亲的呼吸节奏，或许需要聆听或感受成人的心跳，或许需要闻闻母亲或父亲的味道，或许需要听一些可以表示环境活力和生命的声音，或许需要色彩和活动。这样，当婴儿太年幼或不成熟而不能承担生命的全部责任时，就可以不用被迫只依靠他（她）自身的资源了。

在这些需要背后的事实是：婴儿容易有非常严重的焦虑，这可以想象。假如婴儿在没有熟悉的人可以交流的环境下待得太久（数小时或者数分钟），他们就会有很糟糕的体验。我们可以用下面这些词语来描述，如：

变成碎片
永远坠落
快死了，快死了，快死了
正在失去对重建交流的所有残余的希望

大多数婴儿从未经过这些体验就度过了早期的依赖阶段，这是一个重要事实。他们能这样度过是因为，他们的依赖被辨认出来，基本需要也得到了满足，母亲或扮演母亲角色的人让他们自己的生活方式适应了婴儿的这些需要。

有了好的照料，这些糟糕的感受变成了好的体验，这些好的体验叠加起来成为婴儿对人和世界的总体信任，这令人鼓舞。举个例子，在好的照料下，婴儿“变成碎片”的体验慢慢修正为放松和宁静的感觉；“永远坠落”的体验修正为被搂抱着，以及被搂抱着移动而产生的兴奋和快乐；“快死了，快死了，快死了”的体验修正为活着的愉悦意识；当依赖持续得到满足，对所期待的关系的丧失感修正为一种确信感：婴儿确信哪怕他（她）独自一个人待着，也会被人照料。

多数婴儿得到足够好的照料，更妙的是，在婴儿愿意认识和信任其他人之前，他们是被一个固定的人持续不断地照料着的，而这些婴儿愿意认识和信任的其他人也是用这种方式感受到爱并使自己成为可靠和有适应性的人。

在这种被满足过的依赖体验的基础上，或早或晚地，婴儿开始能够回应母亲以及环境必定会对婴儿提出的要求。

相比之下，因为依赖是一个事实，所以有一定比例的婴儿经历了环境失败，这样就导致了不同程度的损害，这些损害可能很难被修复。好的情况下，婴儿长大后，将发生在自己身上的灾难性记忆进行埋葬，并为了避免再一次体验这样的痛苦而耗费大量的时间和精力来组织生活。

而在最坏的情况下，儿童作为人的发展被永久歪曲，以致人格发生畸形，或性格扭曲。有些症状可能只是淘气，有些人认为惩罚或矫正性训练能治愈这样的症状，于是这些孩子就饱受痛苦，而实际上这些症状来源于环境失败中根深蒂固的事实。再或者，孩子被症状过度困扰，以致被诊断为精神病而给予精神病的治疗，但其实那本来是可以预防的。

我们思考的这些非常严肃的问题中稳定的要素是：大多数情况下婴儿并没有这样受苦，他们安然度过这一阶段，不需要花费时间和精力营造一个包围自己的堡垒来挡住那些其实是居住在堡垒内的敌人。

就大多数婴儿来说，他们被母亲、双亲和整个家庭需要和珍爱，这一事实提供的条件使每个孩子在其中都能发展成一个个体，不仅是遵循着遗传天赋的方向而实现他或她自身的命运（就外部现实容许而言），而且也乐于认同环境中的其他人、动物和物体，认同社会以及社会永恒的自体组织。

为什么这些事情通常都可以发生呢？这是因为，最初的、绝对的、逐渐朝向独立性探索的依赖被人类所接受。人类毫无怨言地适应正在成长中的个体的需要，因为天然的归属感，我们可以把它简称为爱。

［1970］

9

比较与对照“婴－母交流”和“母－婴交流”

在这个系列的第一个讲座中，Sandler 博士一直在谈精神分析的本质。而今天，在这个讲座中，我想谈一下婴儿与母亲之间的交流。

我想你可能已经注意到我的标题中没有**潜意识**这个词[1]，因为**潜意识**这个词只适用于母亲。就我目前所希望考察的这个领域，对于婴儿，还没有意识与潜意识之分。抱在大人怀里只是解剖和生理上的一抱，以及在此基础之上能发展成人类人格的潜力。“这一抱”包括躯体发展的总的潜质，也包括心身合作关系中心理部分发展的潜质。在躯体和心理这两个领域里都存在遗传倾向，而且在心理部分，这些遗传倾向还包括那些导致整合或整体形成的倾向。人类人格发展的所有理论基础是连续的，这条生命线想必在婴儿真正诞生之前就已经开始了；连续性包含

[1]参见为这一章写的预备笔记（第 94 页）。

着这样一个观点，即对于某个体而言，个体经验的任何一部分内容都不会丢失或从不曾被丢失过，只是它的确无法进入意识。

想要人类个体的遗传潜力有机会变为现实，那么环境的供应必须充足。譬如“足够好的母亲般的呵护”，譬如绝对依赖。使用像“足够好的母亲般的呵护”这样的短语来表达关于母性功能的、没有被理想化的观点是非常方便的；而记住（婴儿对环境的）绝对依赖这个概念也是非常有价值的，绝对依赖迅速转变成相对依赖，并且总是朝着独立前行（但从来不会到达）。独立意味着自主，个体变得有活力，就像个体的躯体（是一个独立体）一样好。

在这一发展的人类计划中需要承认这样一个事实：婴儿在一开始并没有区分“什么是非我”与“什么是我”。因此在早期关系的特定背景里，环境行为，如同婴儿的遗传驱力行为一样，都是婴儿的一部分。这些驱力朝向整合、自主、客体关联，也朝向一个满意的心身相伴关系[②]。

在那个所谓的婴儿复合体中，最不稳定的部分是婴儿积累的生活经验。我是生在一个连沙子都是热的贝都因（Bedouin）家庭中，还是生于西伯利亚的一个政治囚犯家庭中，或者是英格兰潮湿却美丽的西部地区的一个商人家庭里，这真的有很大的关系。我可能出生在郊区，或是非法出生。我可能是唯一的孩子，或是最大的孩子，或者是五个孩子中的一个，或者在四

[②]当有些人被告知婴儿的遗传倾向是外在因素时，他们会感到惊讶，但这些明明就是婴儿这个人的外在，来源于妈妈成为一个足够好的母亲的能力，或她在抑郁时非常清楚自己在做什么。

个男孩中排行老三。所有这一切都与我有关系，并且是我的一部分。

就像 *Valdar the oft-born* 书中所写的那样，婴儿生下来就在所有方面具有同样的遗传潜力：从他或她出现的那个时空点，启动“走”（Go）这个词，就开始了**经历**和收集体验。这一切甚至从被生出的那一刻就开始了：有时母亲蹲下，由重力将婴儿拉向世界的中心；另外一种情况是，母亲不自然地躺下并将双腿展开，仿佛是在为一个手术做好准备，她得使劲用力猛推婴儿，好像要解大便一样。有时候母亲太累了会发生宫缩乏力，于是她将生产延期到第二天早上。这样，她获得了一个良好的睡眠，但是长期浸在羊水中的、已经警觉的婴儿却不得不默默等待。这会产生一个可怕的影响，这样的婴儿在出生后的整个一生中都有幽闭恐怖，他们无法忍受事件之间的未知间隔。

也许从人类个体生活的开端开始，某些交流就强有力地发生了。无论一个人的**潜力**怎样，“成为一个人”的**实际的经验性**构建都是不稳固的；在成长的任一点上，（人格的）发展都可能被耽搁或扭曲，而且这些耽搁或扭曲又的确从来都不可能自己显露出来；实际上，在一开始，依赖是绝对的。

你可以注意到我正带着你来到一个领域，在这里言语没有意义。那么，所有这一切与在言语化思维和言语解释想法的过程中建立起来的精神分析之间，可能会有什么样的联系呢？

简单地说，我认为精神分析不得不从言语化的基础上开始，并且这种方法正好适合治疗无精神分裂或精神病态的患者，也就是可以将其早期经验看作是理所当然的那些患者。通常情况下，我们称这种状态为精神神经症。我们必须明白：他们来接受分析不是为了修正早期经验，或分析早年曾被遗漏掉的第一个经验。精神神经症患者已经足够好地度过了早期经验阶段，所以他们拥有承受个人内部冲突和防御干扰的特权，当主要的防御受到抑制时，他们不得不在自己身上建立可以应对与本能生活有关的焦虑的防御。这些患者被他们不得不做的工作所烦扰，这些工作是指让被压抑的潜意识继续被抑制。而在精神分析治疗期间，他们在全新的简化体验中找到安慰，就不断变换的移情性神经症而言，他们自己日复一日地精心挑选对象（当然不是故意地）用来对抗。

我们的分析研究认为，极早期现象可以通过以下两个方面来表现其主要特点：首先是精神分裂阶段，这是任何患者都可能会经历的，也会出现在对真正精神分裂症主体的治疗中（这不是我此刻要谈的话题）；其次是在对婴儿的早期真实经验的研究中，这些经验包括将被生出、正在被生出来、出生后被抱持、在最早的数周或数月里得到照顾和交流，在这之后很久，言语化才开始有意义。

因此，我在这里试图做的是，关注每个婴儿的早期生活经验，特别是与交流有关的早期经验。

就我的假设而言，首先是绝对的依赖，环境的确很重要。婴儿如何经历他们早期发展阶段中那些错综复杂的事件呢？可以肯定，在一个没有人的环境中，婴儿很难发展成为人；甚至最好的机器也不能满足婴儿所有的需要。需要有人，而且，人本质上只是人——那意味着人类是不完美的——不像机械那样可靠。

婴儿会怎样利用非人类环境，这取决于他们过去对人类环境利用的经验。

婴儿经历了绝对依赖状态的生活，之后进入与之相关的下一个阶段，我们该如何来描述呢？

我们可以假定在母亲身上存在的一个状态[3]——精神病状态，如撤离或专注——我们可以这样描述她进入妊娠末期时（在健康方面）的某个特征，这个状态可以持续数周或数月。[我以前写过这一点，而且赋予它一个名称——“原始母性贯注”（Primary Maternal Preoccupation）[4]。]

我们必须假定，过去和现在，世界上的婴儿都在足够好的人类环境里出生，也就是说，环境可以以恰如其分的方式适度适应婴儿需要。

母亲（或母亲的替代者）似乎能到达这一状态，如果有人能告诉她们，这一状态只持续一段时间，之后她们就会从这个状态中恢复过来，那么这对她们会有帮助。许多女人害怕这一状态，认为这个状态会让她们变成“植物”，于是她们坚守职业就如同坚守珍贵的生活一样，不敢让自己哪怕只是暂时地全部投入。

在这一状态下，母亲们有可能以一种专业的方式进入婴儿的“鞋子”——我指的是她们在对婴儿的认同中几乎迷失了自己，

---

[3] 当我谈母亲时，我并不是要排除父亲，而是指这个阶段关心着我们的父亲的母性方面。

[4] 在《文件集：穿过儿科学到精神分析》中，本书由伦敦 Tavistock 出版有限公司和纽约 Basic Books1958 年出版。

因此她们知道（假如不特定的话，一般而言）婴儿在这一非常时刻刚好需要什么。当然与此同时，她们仍是她们自己，当她们处在这个令其脆弱的状态中时，她们意识到对保护的需要。她们假定婴儿是脆弱的，也假定几个月后她们能退出这一特殊状态。

因此，婴儿在绝对依赖时通常经历最适宜的环境条件，但有相当比例的婴儿并没有经历这种环境条件。我的意思是，在这方面没有经历足够好的照顾的这些婴儿不能得到满足，就算只是当个小婴儿也不行。要知道，仅有基因是不够的。

这个话题暂时打住，因为我又面临一个阻碍着我论点发展的难题，与母亲和婴儿之间的基本差异有关。

当然，母亲自己曾是个婴儿。其积累的经验全部都在她内心的某个位置，伴随着她自己的依赖和逐渐获得独立的经历。她曾扮演过一个婴儿，如同扮演过母亲和父亲一样；她在生病期间退行到婴儿的状态；或者她看过母亲照顾年幼的弟弟妹妹。她可能有过在婴儿照顾方面的指导，或许读过一些书，这些都可能形成她自己对于婴儿照料的正确或错误的观念。当然，她会深受当地习俗的影响，服从或对抗这些习俗，或者作为一个独立者或先驱者而自成一派。

但婴儿却从来就不是一个母亲。在那之前，婴儿甚至都不是一个婴儿。这全部都是初次经验，没有衡量标准。对婴儿来说，与其说时间是由时钟或日出日落来测量的，倒不如说时间是由母亲的心跳和呼吸频率、本能张力的增减，以及其他必需的非机械手段来测量的。

那么，在描述婴儿和母亲之间的交流时，有这样一个基本的二分法——母亲能退回到婴儿期的经验模式，而婴儿不能突然长成复杂的成人。这样母亲可能会同婴儿交谈，也可能不会；不过这没有关系，此时此地，语言并不重要。

现在，我来讲讲“音调变化”。音调变化使言语特征化，即使是最复杂的言语。分析师工作时，如同所说的那样，患者在描述，而分析师在解释。这不只是一个言语交流的问题。分析师感觉到：在患者描述中正在表现出来的倾向需要言语化。许多东西取决于分析师运用词语的方式，可以说，态度支持着解释。有位患者在一个感受强烈的时刻将她的指甲抠进我手上的皮肤里。我的反应是：“哎哟！”这一点也不需要我的理性知识，而且相当有用，因为它**即刻**出现（而不是出现在反思式的停顿之后）。对患者来说，这意味着我的手是有活力、有生气的，也意味着手是我的一部分，同时也意味着我在那里被使用。或者可以说，只要我活下来，我就能够被使用。

尽管对合适主体的精神分析是以言语化为基础的，但每个分析师都知道，除了解释的内容以外，在言语化背后的态度有其自身的意义。这一态度体现在微妙之处和把握时机的能力上，以上千种方式表达出来，这些表达方式能与无穷无尽、千变万化的诗篇相媲美。

举个例子，非道德说教的方法不是通过文字交流，而是通过工作人员的非道德说教的品质来交流。这是心理治疗的基础，也是社会工作的基础。音乐厅里的歌曲唱到了副歌部分：“恰恰不是她说话的内容，而是她说话的方式令人厌恶。”

在对婴儿的照料中，喜欢照料婴儿的母亲能够把像“邪恶的”这样的词也用微妙的态度表现出来让婴儿理解。她可能很享受用一种友好的方式说“该死的，你这个小家伙”。这样她感觉很好，婴儿回应以微笑，愉快地吹着泡泡。或者，更隐晦的，像“乖乖孩子睡树梢”这些语言虽然不那么优美，但对孩子来说难道不是一首甜美的摇篮曲吗?

母亲极有可能对自己还不会说话的孩子表示，“我已经把你捯饬干净了，要是你再把自己搞得乱七八糟，上帝会敲你的头的”。或是另一种相当不同的表示，比如“你不能那么做哦，要乖哦”。这里面包含了意愿与人格的直接对峙。

那么，当一个母亲适应她的婴儿的需要时，所交流的是什么呢？现在我要谈一下**抱持**（holding）这个概念了。描述在婴儿生活体验最开始发生的主要交流情境时，选用抱持这个词来描述的确很方便，也有助于拓展。如果我们要拓展抱持这一概念，那么我们要搞清楚两件事——母亲抱持婴儿和婴儿被抱持，接着就迅速地进入一系列的发展阶段，而这些阶段对于一个婴儿作为一个人的确立是非常重要的。**母亲不需要知道婴儿心里发生了什么**。但是，婴儿的发展只与他（她）所信赖之人的抱持和应对相关，否则是不可能发生的[5]。

我们能够检测出（婴儿的发展）是病理的还是正常的，并且由于检测正常的要简单些，所以我会在备选方案中采用这一个。

[5]《父母 - 婴儿关系的理论》（1960）发表于《成熟的过程与促进性环境》中，本书由伦敦 Hogarth 出版社和精神分析研究所 1965 年出版。

母亲有适应婴儿变化与发展所需要的能力，这种能力使婴儿拥有线性的生活，相对来说，不那么断裂，并能使婴儿经历由于信赖实际的抱持而生成的非整合或放松的状态，以及相伴随的整合的多次重复阶段，这种整合是婴儿遗传性生长趋势的一部分。婴儿能够很容易地在整合状态和放松的、非整合状态之间转换，这些经验的积累成为一种模式，为婴儿的期待打下基础。渐渐地，婴儿开始相信朝向整合成一个单元的内在过程的可靠性[⑥]。

随着发展继续进行，婴儿获得了内在和外在，然后环境的可靠性变成了一种信念，成为一种基于可靠性经验（人类的，并不是机械般的完美）的内射。

母亲与婴儿之间有交流，这难道不是真的吗？她说过：“我是可以依赖的——不是因为我是机器，而是因为我知道你需要什么；我照顾你，我想提供你所需要的。在你的这个成长阶段，我把它称作爱。”

但是这种交流是无声的，婴儿听不到，也无法记录这种交流，我们只能从接下来的发展来观察“可靠性”产生的影响，从而了解这交流是否被婴儿记录了。如果“可靠性”**失败**了，婴儿就不能明白交流是怎么回事。这正是机械的完美表现与人类的爱之间的区别。人类一次次失败，但在平凡的呵护里，母亲一直在修复着她的失败。毋庸置疑，这些相对的失败毫无疑问地被及时修补，最终叠加成交流，所以婴儿渐渐理解了成功。

[⑥]《原始情感发育》（1945）发表于《文件集：穿过儿科学到精神分析》中，本书由伦敦 Tavistock 出版有限公司和纽约 Basic Books 1958 年出版。

于是，成功的适应提供了一种安全的感觉，一种被爱过的感觉。作为分析师我们知道这些，因为我们总是失败，但我们还是期望着，并因此生起气来。如果我们存活下来，我们就习惯了。正是随后被呵护修复的、数不清的失败，才逐渐建立起爱的交流，其中重要的事实是——有人在呵护着我们。如果在必要的时间里，数秒、数分、数小时里失败都没有被修复，我们会使用**剥夺**（deprivation）这个词。一个被剥夺的孩子指的是：这个孩子在了解了被修复的失败之后，渐渐体验到未被修复的失败。于是，这孩子毕生的事业就是一再去激起被修复的失败所给出的生活模式情境。

我们要明白，这些正常生活中成千上万的相对失败是不能和笼统的适应失败相提并论的——这些并不会制造愤怒，因为婴儿还没有被组织起来可以对某事感到愤怒——愤怒意味着把已经破碎的理想牢记心中。这些广泛的抱持失败给婴儿制造了不可想象的（unthinkable）焦虑，这种焦虑的内容是：

1. 变成碎片。
2. 永远坠落。
3. 因为没有任何交流方式而被完全孤立。
4. 心理和身体的分离。

这些都是**被剥夺**（privation）的后果，环境失败并且基本上没有被修复。

（你会看到我还没来得及讨论使用智力的交流，哪怕是使用婴儿的基本智力；但我对我所提到的心身合作关系中心理的那一半感到满意。)

把广泛的适应失败看作一种交流的形式，这是不可能的。我们没必要去告诉婴儿，事情可能会变得非常糟糕。如果事情变糟了，又没有尽快修复，婴儿就会永久地被影响，就发展而言是被扭曲了，交流就失败了。

主题的细化

为了把读者的眼球吸引到交流的基础形式——无声的早期交流上，我已经讲得够多了。现在我想给出一些指导：

1．母子间交流的活跃度用特别的方式维持着。有一种方式是母亲的呼吸以及她呼吸的温度，的确，她的气味变化无穷。还有她心跳的声音，一种婴儿熟悉的声音，在婴儿出生前且还未了解任何东西时就熟悉的声音。

对于晃动，有一个关于这个基本的生理交流的例子，就是母亲调整自己的运动去适应婴儿。晃动可以确保不会产生人格解体或丧失心身合作关系。难道婴儿晃动的节奏不会有变化吗？母亲很自然地发觉相对于这种适应，婴儿的晃动节奏过快或过慢，这难道不可能么？就这一组现象来谈相互关系时，我们可以说：交流在于身体的体验。

2．玩。我的意思不是指玩笑、游戏或笑话。母亲与婴儿的相互作用提供了一个可以称为公共区域的地方，我可以称之为 Tom Tiddler 的土地（Tom Tiddler’s ground），这个无人之地是每一个人的领地，是秘密所在，是将会变成过渡性客体的潜在空间[⑦]，是信任和母婴间联盟的象征，这是一个与相互渗透无关的联盟。所以：不要忘了玩，玩中可以体验情感和享受。

3．接下来，我要说的许多东西与婴儿使用母亲的脸有关。将母亲的脸想象成玻璃镜子的原型，这是可能的。在母亲的脸上婴儿看到他或她自己。如果母亲是沮丧的或全神贯注于一些其他的事情，那么，理所当然地，婴儿能看到的仅仅是一张脸而已[⑧]。

4．从这些无声的交流中，我们可以重温那些过程，即母亲把婴儿正准备去寻找的东西变成现实，例如婴儿刚好准备要些什么，她就给了婴儿想法。婴儿可能会说（当然不是用词说）："我感觉好像需要……"就在这时，母亲会走过来，将婴儿翻个身，或拿着喂食的东西过来，这时婴儿才能够完成整个句子"……翻个身，要乳房、奶嘴、牛奶等"。我们不得不说是婴儿创造了乳房，但是如果母亲没有在那一刻带着乳房过来，这些就不可能完成。对婴儿来说，这个交流就是"创造性地来到世界上，创造这个世界；只有你创造的东西对你才有意义"。接下来的就是"世界在你的控制中"。从最初的全能感体验（experience of omnipotence）开始，婴儿逐渐开始经历挫折，甚至会在某一天达到了全能感的另一个极端，即有一种仅仅只

---

⑦《过渡性客体和过渡性现象》（1951 年）发表于《文件集：穿过儿科学到精神分析》中，本书由伦敦 Tavistock 出版有限公司和纽约 Basic Books 1958 年出版。

⑧《儿童发展中母亲与家庭的镜映作用》（1967 年）在《游戏与现实》里，本书由伦敦 Tavistock 出版社 1971 年出版。

是宇宙中的一个小微粒的感觉，这个宇宙是在婴儿被一对相爱的夫妻孕育之前就存在的。人类获得谦卑——这一人类独特的个性特质，这难道不是来自于“成为上帝”吗？

最后，可能有人问，关于婴儿与母亲的讨论到哪里才算结束呢？我想说的是，我们没有必要告诉母亲要做什么，或者要像什么。如果她们本身不是那样，我们也无法将她们变成那样。我们当然可以避免干扰，但是在我们内心可能希望达到目的。如果我们能从母亲和婴儿这里学习，我们就能开始了解那些正在进行治疗的精神分裂症患者在他们奇特的移情中对我们的需要究竟是什么。同样，从精神分裂症患者那里，我们也可以学习如何看待母亲与婴儿，以及如何更加清晰地看到他们之间存在什么。但是，从本质上说，我们主要还是从母亲与婴儿这里来学习精神病患者的需要，或者处于精神病阶段的患者的需要。

正是在母亲和婴儿之间交流的这些早期阶段，母亲建造了婴儿未来的精神健康的基础。在治疗精神疾患时，我们必须理解患者早期促进（facilitation）成长失败的细节。我们遭遇到了失败，但是（请记住！）就个人成长而言，这是一种成功，成功的环境供给使个人成长成为可能。母亲做得足够好时所做的那些事促进了婴儿自己的发展进程，能够使婴儿在某种程度上实现遗传的潜在可能。

我们在成功的精神分析中所做的所有事情是解除发展中的阻滞，释放发展的能力以及患者个体的遗传倾向。我们用一种特别的方法实际上改变了患者的过去，使一个成长环境不那么好的患者能够转变成一个有好的促进性环境的人，尽管有些迟了，但起码其个人的成长能够进行了。当这些发生时，精神分析师得到了回报，这可不是感激，这很像父母在孩子获得了独立时的感受。在足够好的抱持和应对的背景下，新的个体渐渐实现他或她的一些潜在可能。我们用某种方式无声地交流着可靠性，而患者以成长做出回应，这种成长本来应该发生在有人照顾的极早期阶段。

还有些遗留的问题需要思考，即关于婴儿与母亲的交流，我们是否还能说点有用的东西。我还是想谈一谈那个极早期阶段。当人们面临着婴儿的无助（无助被假定为婴儿的特质）时，一定会有些事情发生。把婴儿丢在门口的台阶上是件非常恐怖的事，因为你面对婴儿的无助所做出的反应会改变你的人生，也许会破坏你已经制订好的人生计划。这相当明显，但是就独立而言，还需要反复重述。因为尽管从某种意义上讲，婴儿是无助的，但是从另一种意义上讲，也可以说婴儿具有继续生存和发展以及将潜能变为现实的巨大潜力。我们差不多可以这样说：婴儿是无助的（如果我们这么描述婴儿的话），但那些照顾婴儿的人在处理婴儿的无助时，他们与婴儿一样无助。也许那儿有一场关于无助的战争。

再进一步论述婴儿与母亲的交流。我觉得，就创造性和顺从而言，交流是可以被叠加的。关于这点，一定可以这么说，在健康方面，创造性交流比顺从有优先权。在创造性了解和联络这个世界的基础上，婴儿能够变得顺从而不觉得丢脸。如果是另一种模式，即顺从占主导，我们会认为是非健康的，这对个体发展来说是糟糕的基础。

于是，到最后我们得到了这样的事实，即婴儿进行创造性的交流，并且迟早有一天变得能够利用他们所发现的东西。对大多数人来说，最终的顺从是可以被发现和利用的，于是，我假设下面这些词可以代表婴儿与母亲的交流：

> 我找到了你；
>
> 当我渐渐把你作为非我来认识时，你存活了，无论我对你做了什么；
>
> 我利用你；
>
> 我忘记了你；
>
> 但是你还记得我；
>
> 我坚持忘记你；
>
> 我失去了你；
>
> 我很伤心。

[1968]

每一章的原始资料

1.《平凡而奉献的母亲》：从未发表，是温尼科特 1966 年 2 月 16 日在大不列颠和北爱尔兰护理学校协会伦敦分会的谈话。

2.《了解与学习》：1955 年 BBC 广播电台面向母亲们的一个谈话节目。最早发表于《儿童与家庭》（*The Child and the Family*. London：Tavistock Publications Ltd.，1957）。

3.《作为交流的母乳喂养》：在 1968 年 11 月伦敦国家儿童出生信托基金举办的一个关于母乳喂养的会议上，温尼科特并未出席，但宣读了他的这篇文章。其中一部分于 1969 年 9 月发表于《母性与儿童照料》（*Maternal and Child Care*）。

4.《新生儿和他的母亲》：1964 年温尼科特在罗马的一个主题为“心理、神经和新生儿心理问题”的专题讨论会上的演讲。以《新生儿和他的母亲》的名字首次发表于 1964 年的 *Acta Peadiatrica Latina* 第 7 卷。

5.《个体的开始》：写于 1966 年，是给伦敦《时代周刊》（*Times*）的 Fisher 博士来信的回复，Fisher 博士后来成为坎特伯雷的大主教。本文从未发表过。

6.《婴儿期的环境健康》：编辑结合了两个版本，一部分来自温尼科特于1967年3月在皇家医学会举办的同名专题讨论会的演讲，另一部分来自其1968年1月在《母性与儿童照料》（*Maternal and Child Care*）上发表的文章。

7.《精神分析对助产术的贡献》：温尼科特在1957年助产士督导协会组织的课程中的一个演讲。最早发表于《家庭与个体发展》（*The Family and Individual Development*. London：Tavistock Publications Ltd.，1965）。

8.《儿童照料中的依赖》：最早发表于1970年*Your Child*第2卷。

9.《比较与对照'婴-母交流'和'母-婴交流'》：1968年伦敦一系列被称为"冬日演讲"的公开演讲中的一篇，最早发表于《什么是精神分析》（*What Is Psychoanalysis*? London：Bailliere，Tindall & Cassell Ltd.，1968）。（温尼科特在1967年11月对书中的几页做了预备笔记，因为其他人对主题有少许不同的看法。）

为《比较与对照‘婴 - 母交流’和‘母 - 婴交流’》做的预备笔记，1967 年 11 月 20 日

对目前术语如母性本能、共生等不满意。

动物研究的有限价值。

精神分析的贡献。

在以前的文章中标注“潜意识”这个词，但不是在这篇文章中。

理由：婴儿既不是在意识层面，也不是在潜意识层面。

重点在于人类的早期发展阶段可能会变成意识和潜意识。

比较：母亲（或父母）有成年人的所有特征。

母亲曾经也是一个婴儿。

她玩过扮演父母的游戏，有一些传给她的观念。

婴儿从未是一个母亲，没有玩过任何游戏。

想要进一步深入，就必须尝试对人类婴儿发展的早期阶段做一个陈述：

> 个体成长的连续性。
>
> 依赖，在早期接近绝对依赖。
>
> 对侵犯的反应，从威胁到破坏的连续性。
>
> 侵犯被看成是依赖环境的失败。
>
> 根据婴儿渐渐增加的预期范围，环境逐渐被释放。

极端的例子：婴儿通过无助感进行交流，通过依赖进行交流。

根据母亲是否有能力认同婴儿、理解特殊需求的暗示，可以判断是否有交流。

这导致了对孕期及父母期的母亲（或父母）变化的研究。

假定一个特殊的条件，这个条件是暂时的但必须放弃，就好像生病了。在这种情形下，母亲自己就是这个婴儿，当她放弃自己而认同婴儿时，她的自恋并不会受伤。

她可能会被这吓到，但在得知这种情形可能只持续几周或几个月时感到得到了帮助，然后她从中康复。

没有这种暂时的条件，母亲就不可能把婴儿无穷无尽的细微需求转化成交流中的内容。

通过在需求用动作表达之前就去理解婴儿需要什么，母亲与婴儿进行交流。

从此，动作自然地跟随进入交流以表达需求，父母可以以适当的回应来匹配这种交流。在这个基础上，迎来了各种形式的交流，不仅有关需要，也有关愿望。这时，母亲会重新感到自由而又可以成为她自己，并且去挫败。一种状态必须发展出另一种状态。

“我要”的挫败产生了愤怒，甚至对审慎的“我需要”的失败也会导致沮丧，这种交流可以帮助母亲做必须要做的，即使要迟一会儿。

相对地，在审慎动作之前，对满足需求的失败只会导致新生儿发展过程的扭曲——狂怒产生了。

新生儿发展过程的每一个扭曲伴随着不可想象的焦虑，这一点被注意到了：

> 未整合
> 永远坠落
> 与客体关系的完全失败等

我们的边缘患者的个案使我们理解这些，他们常常带来不可想象的焦虑，这正是因为在绝对依赖期的交流失败所致。

温尼科特的著作

Clinical Notes on Disorders of Childhood. 1931. London: William Heinemann Ltd.

The Child and the Family: First Relationships. 1957. London: Tavistock Publications Ltd.

The Child and the Outside World: Studies in Developing Relationships. 1957. London: Tavistock Publications Ltd.

Collected Papers: Through Paediatrics to Psychoanalysis. 1958. London: Tavistock Publications. New York: Basic Books, Inc., Publishers.

The Child, the Family and the Outside World. 1964. London: Penguin Books. Reading, Massachusetts: Addison-Wesley Publishing Co., Inc.

The Maturational Processes and the Facilitating Environment. 1965. London: Hogarth Press and the Institute of Psychoanalysis. New York: International Universities Press.

The Family and Individual Development. 1965. London: Tavistock Publications Ltd.

Playing and Reality. 1971. London: Tavistock Publications Ltd. New York: Basic Books.

Therapeutic Consultations in Child Psychiatry. 1971. London: Hogarth Press and the Institute of Psychoanalysis. New York: Basic Books, Inc., Publishers.

The Piggle: An Account of the Psycho-Analytical Treatment of a Little Girl. 1978. London: Hogarth Press and the Institute of Psychoanalysis. New York: International Universities Press.

Deprivation and Delinquency. 1984. London: Tavistock Publications.

Holding and Interpretation: Fragment of an Analysis. 1986. London: Hogarth Press and the Institute of Psychoanalysis.

Home Is Where We Start From. 1986. London: Penguin Books. New York: W. W. Norton & Company, Inc.

Babies and Their Mothers. 1987. Reading, Massachusetts: Addison-Wesley Publishing Co., Inc.

Selected Letters of D. W. Winnicott. 1987. Cambridge, Massachusetts: Harvard University Press.

Human Nature. 1987. London: Free Association Books.